www.shindanju.com

NCS 메이크업 4수준, 5수준에 맞는 최신판!!

신단주의
바디아트와
캐릭터메이크업

크라운출판사
http://www.crownbook.com

우리나라 영상공연 산업이 세계적으로 부상하고 있습니다.

영화미디어 산업, TV방송미디어 산업, 무대공연 산업, 연예기획 산업 등이 아시아를 훌쩍 넘어 유럽, 미주대륙, 중동지역, 아프리카까지 진출하여 한류열풍의 위상을 드높이고 있습니다. 한류열풍은 초기에는 영상, 공연 산업 등에 종사하는 전문인들이 노력하여 스스로 이루어낸 성과였으나 최근에는 국가적인 성장 동력 산업으로 지정하여 괄목할만한 성과를 내고 있습니다.

이러한 영상공연산업은 아무리 극본이 우수하고 조명, 기기, 음향, 소품 등이 우수하다 하더라도, 배역을 맡은 연기자의 인물 캐릭터를 관객이나 시청자에게 구체적으로 표현해 보이게 하는 메이크업의 단계를 거쳐야만 완성이 됩니다. 즉, 아무리 능력 있는 연기자나 배우라 할지라도, 메이크업을 통하여 맡은 인물의 성격을 형상화하는 것이 반드시 필요하다고 하겠습니다.

이 책은 이러한 미술품과 같은 전문적인 메이크업을 구사할 수 있는 훌륭한 메이크업 아티스트가 되기 위해 필요한 내용으로 구성하였습니다.

제1장은 메이크업을 훌륭한 미술품인 예술로 승화시키기 위해 필요한 디자인의 기본 이론을 실어 메이크업 아티스트로서의 자질을 함양하고자 하였으며, 제2장은 요즘 무대나 행사 등에서 많이 활용하고 있는 바디아트에 대한 이론과 실기 방법에 대해 알아보았습니다. 바디아트는 얼굴, 어깨, 팔까지 시술하는 환타지아와 몸 전체에 채색하는 바디 페인팅으로 구분하여, 다양한 방법과 테크닉을 제시하였습니다. 제 3장은 무대, 영상을 위해 필요한 캐릭터 메이크업에 대해 알아보았는데 다양한 상황별 표현 방법을 하나하나 구체적으로 설명하였습니다.

이 책의 내용은 100여 개 이상되는 미용관련 학과에서 메이크업 아티스트가 되고자 하는 학생들의 전문서적으로 구성하였고, 이 책의 내용을 토대로 메이크업의 다양한 응용 방법과 함께 창의적인 표현 방법을 계속적으로 모색하고 연구하는 것이 필요하겠습니다. 또한 우리나라의 무대, 영화, 방송, 이벤트 산업의 발전에 발맞추어 메이크업의 발전도 함께 이루어 질 수 있도록 노력하는 자세도 필요하겠습니다.

마지막으로 이 책은 만드는데 도움을 주신 크라운 출판사 관계자 분들게 감사드리며, 원고 때문에 동분서주하며 불편함을 끼친 식구들의 배려에 감사드리며, 더욱 노력하는 전문가가 되어 보답하겠습니다.

신단주 지음

문화산업에서 빼 놓을수 없는 분장예술, 그 교육을 위한 서적 '바디아트와 캐릭터 메이크업'의 출판을 진심으로 환영합니다.

또한 다양한 문화예술의 현장에서 분장예술에 힘쓰고 계시는 여러분과 학생들, 교수님들의 안녕을 기원합니다.

인간 대 인간의 만남, 자연과 인간이 1차적으로 만나는 연극 무대는 오늘날과 같은 정보사회 속에서 유일하게 인간의 몸을 만날 수 있고 느낄 수 있는 유일한 인류의 터라고 생각합니다.

이러한 연극의 무대에서 '분장'은 배우의 캐릭터를 섬세하게 조각해내고, 배우의 감정을 드러내 보여주는가 하면, 때론 관객으로 하여금 웃음을 자아내게 하는 캐릭터를 보녀주기도 합니다.

우리나라의 문화산업은 질적, 양적으로 고속 발전하고 있으며, 각 분야의 예술작품들이 세계 각국으로 자랑스럽게 진출하고 있습니다. 이에 분장예술도 보다 전문적인 영역으로 발전되어야 하는 것이 순리입니다.

지난해 영화대상을 받은 배우가 이야기했듯이 연극, 뮤지컬, 영화, 방송, 광고 등의 작품은 개인이 만들어내는 것이 아닙니다. 각종 기술과 예술혼을 가진 전문인들이 각자 자신의 위치에서 최선을 다할 때에 비로소 최고의 작품이 탄생된다고 생각합니다.

이에 분장예술인들은 무대를 만들고 캐릭터를 만드는 문화예술산업의 전문인으로서 문화발전을 위한 든든한 초석을 마련해주시기를 바라며 응원의 박수를 보냅니다.

사단법인 한국연극협회
제21대 이사장 이종훈

신단주의 바디아트와 캐릭터 메이크업

CONTENTS

Artist...

artist artist artist artist artist artist artist artist artist artist artist artist art

디자인의
기본 이론

디자인의 기본 이론

1 디자인의 성립 조건

- **목적성**
  작품에 대한 뚜렷한 목적을 가지고 디자인에 임하여야 한다.
- **심 미 성**
  디자인은 미적 요소에 부합되어야 하며, 미의식은 시대성, 민족성, 사회성, 국제성에 영향을 받으며 발전하고 있다.
- **조 형 성**
  디자인은 각각의 표현 방법에 의한 모든 개체들이 형태, 구도, 색상면에서 조화를 이루어야 한다.

2 디자인 구성법

- 바디아트에서의 전체적인 구도결정은 그 작품의 완성도를 가늠하는 중요한 요소이기 때문에 조화로운 색감과 형태가 수반되어야 한다.

- 디자인을 구상할 때에는 일러스트로 시안 작업을 마친 후, 본 작업을 한다면 실수를 줄이고 효과적인 메이크업을 할 수 있다.
- 디자인을 할 때 중요하게 여기는 요소는 통일, 조화, 균형, 강조, 착시, 리듬의 적절한 배분이며, 이를 항상 염두에 두고 디자인에 들어가야 할 것이다.

Point

메이크업 아티스트가 갖추어야 할 사항

1. 주제에 부합되게 작품을 진행할 수 있는 주제 해석 능력이 있어야 한다.
2. 작품의 전체적인 흐름을 어떻게 구성하고, 어떤 색으로 강조할 것인가 등을 위한 색채학에 대한 이해가 필요하다.
3. 주제에 따른 디자인 능력을 갖추어야 한다.
4. 의도대로 붓의 터치나 색을 입히는 컬러링 능력과 테크닉을 구사할 수 있어야 한다.

3 디자인 발상론

(1) 디자인 발상

발상이란 어떤 주제에 대해 떠오르는 생각, 즉 Inspiration이라고 하며, 착상 또는 고안이라고도 한다.

발상은 주변의 크고 작은 사물들과 자연환경 등 모든 것들에서부터 영감을 얻을 수 있다. 디자인의 영감을 얻을 수 있는 요인들을 구체적으로 정리하면,

- 시대별 인자(고대, 중세, 근세, 1920~2000년대)
- 지역별 인자(에스닉, 오리엔탈리즘, 엑조틱, 트로피컬, 프리미티브, 포클로어, 웨스턴)
- 이미지 인자(클래식, 엘레강스, 소피스티케이트, 모던, 매니쉬, 액티브, 컨츄리)
- 자연물 인자(계절, 산, 바다, 구름, 나무, 동물 등)
- 예술사조

이러한 예술사조를 토대로 하여 독창적이면서 구체적인 디자인을 하는 것이 필요하다.

(2) 예술사조

1) 원시미술(Primitive Art, B.C 20000~B.C 10000)

기원전 약 2만년 전에서 1만년경 사이에 구석기인들의 동굴 벽화와 자신의 몸을 보호하기 위해 얼굴이나 몸에 색을 칠하는 행위들이다.

▲ 구석기 시대 후기로 추정되는 스페인 알타미라 동굴의 들소

2) 고대미술(Ancient Art,　B.C 5000~B.C 500)

기원전 5천년경에 이집트, 그리스 등 고대 국가에서 고도로 발달된 문명이 탄생했다. 그리고 개성적이고 창조적인 고대 미술이 이들 문명과 환경에 의해 자연스럽게 발달되었다.

▲ 이집트 나크트 무덤의 벽화

▲ 이집트 파라오 투탕카멘의 마스크

▲ 라오콘 군상

3) 중세미술(Medieval Art, A.D 200~A.D 1200)

중세는 교리의 전파에 목적을 둔 신(神) 중심의 사회였고, 중세시대의 교회는 일상생활의 중심이였을 뿐만 아니라 예술의 중심이였다.

그러므로 천정화, 제단화와 같은 성화에 주력하여 많은 예술작품이 제작되었으나, 인간을 주제로 한 인간 중심의 창조적인 작품은 이루어지지 못한 시기였다.

▲ 그리스도를 애도함　　　　　　　　[조토]

▲ 오니산티의 마돈나　[조토]

4) 르네상스(Renaissance, A.D 1400~A.D 1600)

르네상스는 미술사조 중에서 매우 중요한 시기로 중세시대의 신(神)중심적 사고에서 인간중심적 세계로 전환되는 미술사적 시기이다.

어원은 '부활', '재생'을 뜻하며, 이탈리아를 중심으로 고대 그리스, 로마 문화의 번영을 꿈꾸며, 이상적인 미와 비례의 미를 추구했다.

▲ 모나리자

[레오나르도 다빈치]

▲ 비너스의 탄생 [보티첼리]

▲ 갈라테아의 승리 [라파엘로]

5) 바로크(Baroque, A.D 1600~A.D1700)

1600년부터 1750년까지 이탈리아를 비롯한 유럽의 여러 카톨릭 국가에서 르네상스의 이성적 규칙에 의한 지나친 속박에서 벗어나려는 시도로부터 발전한 미술사 양식을 뜻한다. 르네상스는 현실에서 이상적인 미를 찾으려 했던 반면, 바로크는 현실에서 생명의 움직임을 찾으려 하는 시도로 지향하는 방향이 크게 달랐다.

▲ 야간순찰대

[렘브란트]

▲ 바쿠스

[카라바조]

▲ 유디트와 홀로페이스

[카라바조]

6) 로코코(Rococo, A.D 1730~A.D 1745)

왕실예술이 아니라 귀족과 부르주아의 예술로 바로크 시대의 취향을 이어
받아서 화려한 색채와 섬세한 장식의 건축이 이 시대의 유행을 창출했다.

▲ 목욕하는 다이아나

[부세]

▲ 그네

[프라고나르]

7) 신고전주의(Neo Classic, A.D 1700~A.D 1840)

로코코와 후기 바로크에 반발하고, 고전과 고대에 대한 새로운 관심과 함
께 18세기 말부터 19세기 초에 걸쳐 프랑스를 중심으로 유럽 전역에 나타
난 예술사 양식이다.

고대적인 모티브를 많이 사용하고, 고고학적 정확성을 중시하며, 합리주
의적 미학에 바탕을 두었다.

▲ 그랑드 오달리스크   [앵그르]

▲ 호라티우스 형제의 맹세   [다비드]

8) 낭만주의(Romanticism, A.D 1800~A.D 1860)

감성을 중요시 하면서 발전해나간 예술이다. 이전 시대의 미술들이 버리지 못했던 현상이나 사물의 재현이라는 모방론적 입각을 예술가의 감정이나 정서의 표현이라는 표현론으로 바꾸게 하는데 의미가 있다.

낭만주의는 '감정'이 중요하고, 따라서 작가의 상상력을 중요하게 생각함으로써 예술이 다양해지는 계기가 되었다.

▲ 옷입은 마야

[고야]

▲ 카르타고를 건설하는 디도

[J.M.윌리암 터너]

▲ 메두사호의 뗏목

[제리코]

9) 사실주의(Realism, A.D 1830~A.D 1880)

19세기 이전까지는 자연주의로서 사실주의가 정의되어 왔지만, 이 시기에는 성실하고 정확한 '자연의 모방', 더 나아가 '완벽한 이상화된 재현'으로써의 사실주의의 의미를 갖는다.

▲ 이삭줍기

[밀레]

▲ 상처받은 사나이

[귀스타프 쿠르베]

10) 인상주의(Impressionism, A.D 1850~A.D 1900)

인상주의는 빛의 변화에 따른 순간적인 형태의 변화에 따른 '색의 변화'를 중요시 한다. 따라서 화면의 구성도 삼각형 구도나 소실점이 한 두개로 축약되는 선 원근법이 아닌 대기 원근법을 사용했다.

이때부터 빛의 변화에 따른 다양한 색이 등장하며, 후기 미술사조에 밑거름이 되는 미술사가 창조된다.

▲ 풀밭 위의 점심   [마네]

▲ 무대 위의 발레 연습

[에드가 드가]

11) 신인상주의(Neo Impressionism, A.D 1880~A.D 1910)

신인상주의는 점묘주의 등의 이론과 수법이 주로 사용되어지는 'G.쇠라' 와 'P.시냑'을 중심으로 행해졌다. 그들은 광학이론과 색채학에 따른 과학적 이론에 기초한 색채 분할을 구현하며, 인상주의가 사용한 기법을 과학적으로 발전시켰다.

인상주의는 경험주의적 사실주의인 반면, 신인상주의는 과학적이며 분석적이라 할 수 있다.

▲ 그랑자트섬의 일요일 오후

[쇠라]

12) 후기인상주의(Post Impressionism, A.D 1880~A.D 1910)

인상주의의 양식의 한계에 만족하지 못하고 갖가지의 방향으로 인상주의를 넘어선 화가들을 중심으로 발달하였다. 인상주의에서 벗어나기 시작하면서 이들 작가군을 '후기인상주의 화가'라고 한다.

이들은 '고흐', '고갱'으로 대표되며, 후대의 미술에 지대한 영향을 끼치며서 지금까지도 많은 작가들에게서 이들의 영향을 받은 흔적을 살펴 볼 수 있다.

▲ 자화상

[빈센트 반 고흐]

▲ 별이 빛나는 밤에

[빈센트 반 고흐]

13) 야수파(Fauvism, A.D 1905~A.D 1915)

20세기초 프랑스에서 일어난 혁신적인 회화운동으로 수년간 유사한 테크닉에 관심을 보였던 화가들에 의해 자연발생적으로 형성된 미술사 운동이다.
원근법, 빛과 그림자, 입체적 표현을 무시한 대상의 단순화와 색채의 원색 사용, 강한 색상의 대비효과 등을 통하여 감성의 해방을 표현한다.
아라베스크 무늬, 스트라이프 무늬, 밴드(띠), 굵은 윤곽선 등을 많이 이용하였다.

▲ 붉은 방
[앙리 마티스]

▲ 춤
[앙리 마티스]

14) 표현주의(Expressionism, A.D 1911~A.D 1920)

표현주의는 독일 비평가들이 1911년 처음으로 사용한 용어로 야수파, 초기의 입체파, 인상주의, 그리고 의식적으로 자연의 모방을 거부한 다른 여러 화가들의 작업을 설명하는 것이다.

작가의 주관적인 내면의 의지와 감정을 약동하는 선과 형태의 변화로 표현하였다. 가난과 고통, 폭력, 격정 등을 작가의 주관적 시선으로 바라보았다.

▲ 절규

[에드바르트 뭉크]

▲ 다리 위의 미소녀

[에드바르트 뭉크]

15) 다다이즘(Dadaism, A.D 1925~A.D 1990)

1915~1922년경 유럽과 미국에서 일어났던 반문명, 반합리적인 예술운동을 일컫는다. '기성의 모든 도덕적, 사회적 속박으로부터 정신을 해방시키고 개인의 진정한 근원에 충실하고자 했다.'

다다에서 초현실주의로서의 이행에 큰 영향을 끼친 다다이즘의 대표작가 '뒤샹'은 가시적인 결과물보다 순수한 상상력으로 창조되는 미술의 새로운 경지를 개척했다.

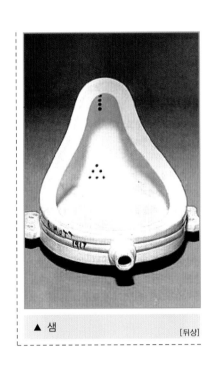

▲ 샘
[뒤샹]

▲ L.H.O.O.Q
[뒤샹]

16) 팝 아트(Pop Art, A.D 1950~A.D 1970)

1950년대 중반 영국에서 시작된 팝 아트는, 1960년대 초기에 미국에서 발달하여 미국 화단을 지배했던 구상회화의 한 경향이다.

팝 아트는 만화와 TV, 포스터, 유머와 위트 등 극히 일상적이고 통속적인 것을 소재로 하여, 개방되고 수용된 태도로써 이미지를 대중화하는 시각 전달을 꾀하였다.

▲ 마릴린 몬로　　　　　　　　　　　　　　　　　　　[앤디 워홀]

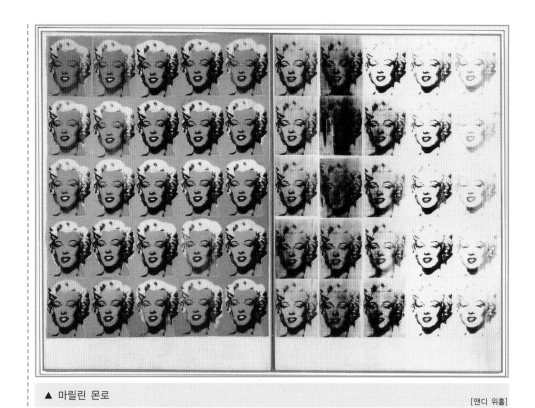

▲ 마릴린 몬로

[앤디 위홀]

▲ 베토벤

[앤디 위홀]

▲ 캠벨 수프 깡통

[앤디 위홀]

17) 옵 아트 (Op Art, A.D 1950~A.D 1980)

1950년대 미국에서 발생한 옵 아트는, 순수하게 시각적인 요소를 사용하여 제작된 추상미술이다.

선, 색, 면, 형 등의 조형 요소를 화면에 교묘하게 그리고, 움직임을 느끼게 하여 착시 현상을 일으키는 미술운동이며, 지적이고, 조직적이며, 차가운 느낌을 주는 기하학적 추상이다.

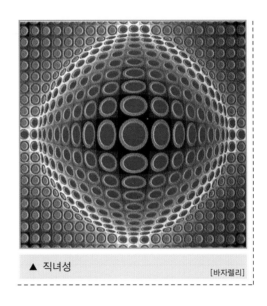

▲ 직녀성

[바자렐리]

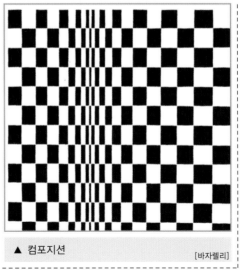

▲ 컴포지션

[바자렐리]

18) 미니멀 아트(Minimal Art, A.D 1950~A.D 1970)

1960년대 후반에 미국 작가들로부터 시작한 미술운동으로 작품의 붓 터치, 색채, 질감 등을 거부하고 극단적인 간결성과 기계적인 정밀성을 추구한 사조이다.

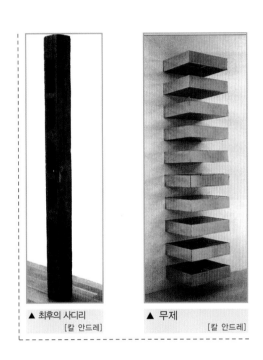

▲ 최후의 사다리
　　　　[칼 안드레]

▲ 무제
　　　　[칼 안드레]

▲ 무제
　　　　[도널드 저드]

19) 추상주의(Abstract Art, A.D 1910~A.D 1950)

추상표현주의는 크게, 뜨거운 추상과 차가운 추상으로 나누어진다.

'뜨거운 추상'의 대표 화가로는 '바실리 칸딘스키'가 있으며, 미술도 음악처럼 점, 선, 면 등과 같은 순수한 조형 요소들을 결합하여 작품을 이룰 수 있다고 생각하였다.

'차가운 추상'의 대표 화가로는 '피트 몬드리안'이 있으며, 제1, 2차 세계대전 사이에 네덜란드에서 성행한 미술사조로써 구체적인 대상이 없이 색, 점, 선, 면 등의 순수 조형 요소로만 그림을 그렸다.

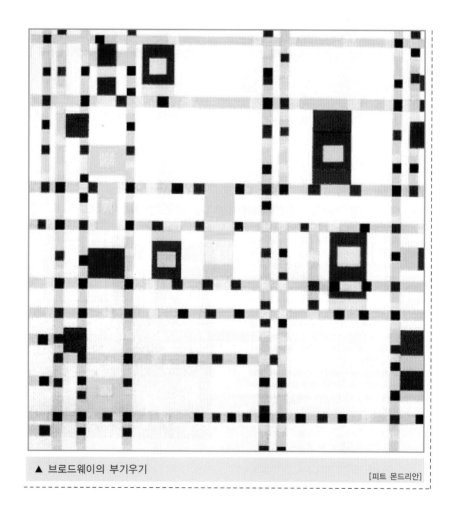

▲ 브로드웨이의 부기우기   [피트 몬드리안]

▲ 추상적 수채화　　　　　　　　　　[칸딘스키]

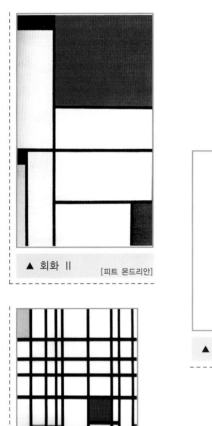

▲ 회화 Ⅱ　　　[피트 몬드리안]

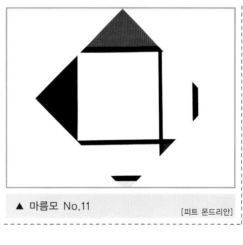

▲ 마름모 No.11　　　　　　　　[피트 몬드리안]

▲ 빨강파랑노랑의 구성
[피트 몬드리안]

20) 입체파(Cubism, A.D 1908~A.D 1914)

20세기 초기의 야수파(포비즘) 운동과 전후해서 일어난 미술운동으로 입체주의라고도 한다. 이 미학은 회화에서 비롯하여 건축, 조각, 공예 등으로 퍼지면서 국제적인 운동으로 확대 되었다.

▲ 아비뇽의 처녀들　[파블로 피카소]

▲ 게르니카　[파블로 피카소]

21) 초현실주의(Surrealism, A.D 1920~A.D 1970)

초현실주의 작가들이 지니는 내면성은 현대 조형예술에서 추구하는 극히 자연적인 이미지로 미지의 세계를 탐구하는 환각적이고 꿈결 같은 꿈속의 이미지를 회화적으로 표현하며, 궁극적으로 인간 정신의 해방에 목적을 두었다.

▲ 내란의 예감 1936   [살바드르 달리]

▲ 기억의 고집　　　　　　　　　　　　　　　[살바드르 달리]

▲ 아를뤼캥의 사육제　　　　　　　　　　　　[호안 미로]

▲ 아름다운 새가 연인들에게 미지의 사실을 누설한다. [호안 미로]

22) 포스트모더니즘(Postmodernism, A.D 1960~A.D 1980)

지난 20세기에 걸쳐 서구의 문화와 예술, 삶과 사고를 지배해 온 모더니즘에 대한 반동으로서 1960년대 중반부터 나타나기 시작하여, 작품의 재료나 주제, 형식이 다양하게 전개되어진 1990년대의 미술사조이다.

포스트모던의 특징은 장르 의식의 붕괴 및 혼합되는 양상을 보이며, 순수예술과 상업예술 간의 인위적 형식 구분도 배제한다. 차용미술, 그래픽 아트, 정치적 미술 등으로 다양하게 전개된다.

4 빛이란 무엇인가?

외부의 물체를 지각할 수 있게 해주는 매개체로서 눈을 통하여 자신의 외부 세계를 지각한다는 것은 모두 빛에 의한 현상이며, 빛이 없으면 색깔도 알 수 없게 된다.

- 지각(Perception)의 정의

  인간이 외부 환경으로부터 여러 가지 정보를 파악하는 과정을 말한다.

- 색채지각(Color Perception)

  외부 대상의 여러 가지 정보 중 색채를 파악하는 것을 말한다.

사물을 보기 위해서는 시각을 통한 빛이라는 물리적 자극이 필요하다.

물체의 색은 그 자체가 고유의 색을 가지고 있는 것이 아니라, 어떤 광원(光源)에서 빛을 받아 물체 표면의 빛이 해당 물체 표면의 고유 파장에 따라서 어떠한 비율로 반사되는가의 결과에 따라 판단되는 것을 말한다.

(1) 색 이름에 의한 색의 분류

  1) 기본 색명 : 한국 산업규격(KSA0011) 제시
     - 유채색의 기본 색명 – 빨강, 주황, 노랑, 연두, 녹색, 청록, 파랑, 남색, 보라, 자주
     - 무채색의 기본 색명 – 흰색, 회색, 검정색

  2) 유채색과 무채색의 분류
     - 무채색 : 말 그대로 채도가 없는 색이라는 뜻이다.

       일반적으로 회색에 가까운 색이면 모두 회색이라 하여 무채색으로 취급하지만 엄밀히 말하면 채도가 낮은 유채색이다. 즉, 무채색은 채도가 0인 상태를 말하는 것이다

     - 유채색 : 말 그대로 채도가 있는 색을 말한다.

       일반적으로 회색을 포함하여 중간색은 물론 색감을 조금이라도 가지고 있으면 모두 유채색으로서 색상, 명도, 채도의 속성을 갖고 있는 색을 말한다.

(2) 계절을 대표하거나 그 계절에 즐기는 색채

1) 봄

- 비교적 고명도, 저채도 계통의 엷은 색을 많이 사용한다.
- Light green(밝은 녹색), Yellow(노란색), Pink(분홍색), Lilac(연보라색) 등

2) 여름

- 청록과 적색 등 강렬한 색을 주로 사용하며, 이들 색상은 힘과 뜨거움을 상징한다.
- Red(빨강색), Orange(오렌지색), Blue(파란색), Green(녹색), White(흰색) 등

3) 가을

- 봄을 상징하는 색과 강한 대비를 나타내는 색상이 주로 사용되며, 이러한 색상은 차분하면서도 식물의 퇴색되는 색상 같은 종류가 주로 사용된다.
- Brown(갈색), Violet(보라색) 등

4) 겨울

- 차갑고 광채, 투명도가 희박한 정도를 암시하는 색상들을 주로 사용하나 때로는 낮은 온도에 대항하기 위한 따뜻한 색감의 색상도 즐겨 사용된다.
- White(하얀색), Grey(회색), Cobalt blue(맑은 파란색) 등

5 색에 관한 이해

• **색채와 감정**

색에 대하여 느끼는 여러 가지 감정들은 각각 개인의 경험, 성격, 사회적 지위, 선호도에 따라서 다양하게 나타난다. 예를 들어 과거에 물에 빠져 죽을 위험에 처했던 기억이 있는 개인의 경우, 푸른색에 대해 거부감을 가질 수 있다. 그러나 일반적인 경우에는 개인차가 있으나 전체적으로 분류해 보면 보편성도 가지고 있다.

• **색의 선호도**

색의 선호도는 여러 가지 요인들에 의해서 결정되며, 그 대표적인 요인들은 다음과 같다.

– 성별 : 일반적으로 아기옷 등을 고를 때 가장 극명하게 나타나며, 남자 아이에게는 푸른 계열의 색상, 여자 아이에게는 붉은 계열의 색상을 선호한다.

– 연령 : 고령자의 경우 무난하고 차분한 색을 선호하며, 젊을수록 독특하거나 화려한 색상을 선호하는 것이 일반적이다.

– 민족 : 민족의 특성으로 인하여 특정색에 대해 선호하는 경향이 나타난다. 예를 들어 중국에서는 악귀를 쫓는 힘이 있다고 믿는 붉은색을 선호한다.

– 지형 : 대대로 살고 있는 곳의 환경적 요인에 따라 선호하는 색이 결정되는 경우도 있다. 예를 들어 미국의 서부와 같은 황야지대에서는 흙먼지가 많이 일어나기 때문에 황갈색에 가까운 색상을 이용하여 옷을 입었다.

– 관습 : 사회적인 통념에 따라 선호하는 색상이 결정되기도 한다. 예를 들어 결혼예복에 쓰이는 신부 드레스를 들 수 있다. 최근에는 여러 가지 다양한 칼라를 사용하기도 하나, 사회적 통념에 따라 흰색 드레스를 선호한다.

– 사회적 성격 : 사회주의 국가에서는 일반적으로 붉은색을 선호하는 경향을 보인다. 이는 붉은색이 투쟁, 혁명의 느낌이 강하기 때문이며, 사회주의 국가에서의 투쟁과 혁명은 매우 중요한 요인으로 여겨지므로 사회적 성격에 따라 선호하는 색이 달라진다.

그 외로 여러 사회적 요인이나 인성(人性)적인 요인들도 색의 선호도에 영향을 미친다.

- **색의 상징성**

계급사회에서 신분이나 등급을 구분하고 있는 것을 쉽게 찾아 볼 수 있다. 쉬운 예로 옷에 황금색을 사용할 수 있는 사람은 왕 한사람 뿐이였다. 이는 극단적인 신분이나 등급의 표시로서 신하 등이 황금색을 사용하면 이는 왕의 권위에 정면으로 도전하는 것으로 표현되곤 한다.

각종 표지판의 주의 표시도 색의 상징성을 주로 많이 사용한다. 일반적으로 많이 사용하는 색의 배합은 노란색과 검정색으로 이 2가지 색을 같이 사용하면 명시성이 매우 높다. 또한 생명에 지장을 줄 수 있는 위험을 표기하는 경우에는 주로 빨간색을 사용하여 누구든지 쉽게 주목할 수 있게 한다. 보통 표지판의 주의 표시는 명도가 높거나 주목성이 높은 색상을 많이 이용하게 된다.

또한, 국가나 기업도 색으로 표현하는데, 유럽 쪽에 많이 있는 삼색(三色) 혹은 이색(二色) 깃발들은 셋 혹은 두 민족이 하나의 국가로 탄생하면서 각각 자기 고유의 민족색을 나타내어 국기로 사용하는 경우가 많았다. 또한 삼성(Samsung)과 같은 국내의 대기업의 경우에도 파란색을 삼성 고유의 색상으로 정하여 사용하는 것을 볼 수 있다.

- **색채의 연상** : 일반적으로 개인의 경험에 따라 많은 부분이 영향을 받게 되며, 개인의 성격이나 생활환경, 교양, 직업, 시대에 따라서도 많은 부분이 영향을 받게 된다. 그러나 파란색을 시원하다고 생각하며, 빨간색은 덥다고 생각하는 등 일반적으로 느끼는 색채의 이미지는 비슷하게 나타난다.

- **기억색** : 대상의 표면색에 대한 무의식적인 추론에 의해 결정되는 색채를 말한다. 예를 들어 동화속의 백설공주가 먹는 사과는 대부분의 사람들이 빨간색으로 생각한다는 것을 알 수 있으며, 잘 익은 수박이라고 하면 당연히 빨간색으로 생각하는 등 거의 특정한 색에 대해서 별도의 판단력 없이 무의식적, 반사적으로 제시되는 색상을 말한다. 이러한 기억색은 명도, 시감도가 높은 색일수록 기억 정도가 높고 오래 지속된다.

Point

- 기억색의 기억 실험에서 대중적인 인지도가 낮은 색이라도 개인적으로 애착과 관심이 높은 색은 기억하기 쉽다.
- 기억의 측면 : 색채 계획에 있어 색에 의한 이미지를 전달할 때에는 메인 칼라를 중요시 해야 한다. 또한 디자인 구상을 할 때 색채 계획에 있어서 색의 이미지를 전달하기 위해서는 우선 메인 칼라의 선택을 중요시 해야 하며, 그 외의 색상과의 조화에 신경을 써야 한다.

(1) 빨 강

주목성과 시인도가 가장 높은 색으로 감정을 고조시키며, 자극적인 색으로 대표된다.

1) 다홍

- 밀도가 크고 불투명
- 열광적 호전적인 정열
- 불과 같은 느낌
- 정열적 육체의 사랑

2) 빨강

- 따뜻함
- 혁명의 표식
- 여신의 상징(인디언)
- 권위와 위엄(영국왕실)
- 정지 표시
- 투쟁의 느낌
- 파랑기미의 빨강(정신적 사랑)
- 여성의 붉은 입술
- 위험과 경고의 의미
- 중량과 면적 : 살이 찐 사람에게 부적합
- 심리적 요인 : 혈압과 맥박의 증가, 주관적 시간이 길게 느껴짐
- 고명도 색조가 약화(분홍) : 부드러운 여성의 이미지

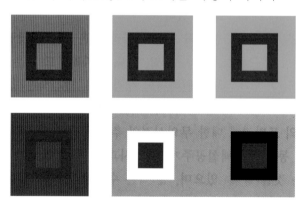

Point

빨강의 대비

1. 주황 배경 : 꺼져 가는 불과 같이 어둡고 활기가 없다.
2. 암갈색 배경 : 붉은 불꽃이 타올라 열을 냄
3. 검정 배경 : 범하기 어려운 악마적 정열을 느끼게 함
4. 녹색 배경 : 염치가 없고 무분별한 침입자, 넉살 좋고 평범하게 보임
5. 차가운 보라색 배경 : 저항을 나타내는 파랑을 진압
6. 청록색 배경 : 세차게 타오르는 불꽃(모든 색채 중 광채가 가장 높은 색 : 황금색의 사용 → 햇살 상징, 승천하는 그리스도, 이해와 지식을 상징, 즐거움, 역동성, 생동감)

(2) 노 랑

엷은 노랑은 질투, 배신, 기만, 의혹, 불신, 불합리를 표현한다.

크림색, 베이지색은 배경색으로 적합하며, 짙은 노랑의 갈색 계열 보조색으로 적합하다.

노랑의 대비

1. 분홍 배경 : 노랑의 빛이 억압당한다.
2. 주황 배경 : 순수하고 밝은 주황의 역할, 두 색의 혼합 → 풍성한 밀밭에 내리는 아침 햇살
3. 녹색 배경 : 녹색보다 강하게 밖을 향해 광채를 내고 반짝이는 효과, 녹색은 파랑과 노랑의 혼합 색으로 노랑과 친근한 색
4. 보라 배경 : 강렬하고 개성적인 힘, 딱딱하고 냉혹한 느낌
5. 파랑 배경 : 광채를 지니나 마음이 편치 않는 쌀쌀한 느낌, 감상적인 파랑과 밝은 느낌의 노랑은 서로 융화되지 않음
6. 빨강 배경 : 높고, 활기차고, 시끄러운 소리의 느낌, 그 광채는 당당한 지식과 확신을 표현
7. 흰색 배경 : 어둡고 광채가 없어 보임, 흰색은 노랑을 보조적인 색으로 보이게 함
8. 검정 배경 : 가장 밝고 공격적인 느낌, 활기 넘치고, 예리하며, 타협을 용납치 않고, 추상적

(3) 파 랑

주목성은 빨강에 비해 낮고 사고(思考), 명상 등을 도와주는 색으로 지적인 활동을 하는 장소에 적합하나 관료적, 권위적 이미지가 있다.
밝은 파랑은 가벼워 보이나 어두운 남색 계열의 색은 무겁고, 우울하고 침체된 느낌이다.
- 흰색 배경에 파란색 : 판독성이 우수, 교통표지판, 의복
- 중국 : 불멸의 상징
- 후퇴성질, 순종적, 경건한 신앙 → 성녀(聖女) 그림에 등장

Point

파랑의 대비

1. 노랑 배경 : 매우 어둡고 광채가 사라짐
2. 검정 배경 : 밝고 순수한 강도로 빛나고, 청순한 실천적 신앙을 상징
3. 연보라 배경 : 후퇴, 공허, 무기력, 연보라색을 어둡게 하면 파랑 본래의 광채를 회복
4. 암갈색 배경 : 강한 활기, 갈색도 파랑에 의해 생생한 갈색으로 소생
5. 주황 배경 : 어두운 색조를 확보하면서 광채를 발생, 비현실성을 유지
6. 녹색 배경 : 녹색의 채도로부터 떨어져 나와 활발한 생명력 회복

(4) 주황색

주목성은 높으나 호소력이 부족하며, 경계표시, 위험을 나타내는 곳에 사용
되어 진다.

빨강과 노랑의 속성을 공유하여 따뜻하고 활기찬 느낌을 준다.

Point

1. 주황색을 약화시킨 베이지색(또는 살구색)은 부드러운 배경색으로 많이 사용된다.
2. 주황색을 강하게 넣어 만드는 갈색 느낌의 주황색은 따뜻하고 풍부한 자연적 이미지를 내는데 효과적이다.
3. 밝은 계통의 주황색은 식욕증진 효과가 있으므로 병원이나 학교 또는 공장 등의 식당 배색에 주로 사용된다.

(5) 녹 색

노랑과 파랑의 중간색으로 질투의 의미가 있으며, 봄과 연관된 재생과 침묵
의 상징, 지식과 신앙의 융합으로 표현된다.

Point

1. 녹색과 노랑의 혼합인 연두색은 자연계의 청정한 봄으로서 활기찬 느낌을 준다.
2. 녹색과 회색의 혼합색은 서글프고 애처로운 느낌을 준다.
3. 연두색과 주황색의 혼합색은 매우 활동적인 느낌이나 거칠고 조잡한 느낌도 준다.
4. 녹색과 파랑색의 혼합색인 청록색은 가장 차가운 느낌의 색으로서 정신적인 요소가 강화되어 있는 느낌이 난다.
5. 안전(安全) 색으로 많이 쓰이는 녹색은 응급실, 의무실, 휴게실 등의 위치를 표시하는데 많이 사용된다. 또한 녹색은 눈의 피로를 풀어 주는 효과가 있으며, 시력 향상에도 도움을 주는 것으로 알려져 있다.
6. 수술실의 수술복에 진한 녹색을 사용하는 것은 수술 진행간의 잔상 효과를 방지하기 위함이다.

(6) 초록색

자연의 색이며, 청색의 고요함과 황색의 에너지가 섞이면 중성적 느낌을 주
며 시인성이 낮다. 초록색, 청록색에 명도와 채도를 적당하게 하면 쾌적한 주
거환경을 표현하기 적합하며, 초록색, 청록색에 명도와 채도를 어둡게 하면

엄숙함과 경건함을 표현하기 쉽다.

(7) 보　라

무의식을 상징하며 따뜻함과 차가움, 활동성과 차분함 등의 갈등 구조를 내포함으로써 환경 색채로서 선호도가 낮다.

신앙심을 상징하기도 하며, 암색조의 자주색은 미신을 상징하는 것과 비극적 종말을 상징한다.

Point

1. 보라색은 혼란과 혼미 등을 표현하며, 짙은 보라색 계열인 남색은 고독과 헌신, 어두운 보라색 계열인 자주색은 신의 사랑이나 정신의 지배 등을 표현한다.
2. 자주색은 우아하며 화려하고 풍부한 느낌을 주지만, 그와 상대적으로 고상함과 외로움을 준다.
3. 청색 계열의 보라는 어둡고 깊은 이미지를 보이며, 위엄과 부(富), 장엄함, 감수성, 예술적인 감각을 표현한다.
4. 적색 계열의 자주는 여성적이며 화려하나 다른 색상과 잘 어울리지 않는 색이다.

(8) 갈　색

두 가지 보색의 혼합으로 생기며 다양한 톤의 중성색으로 빨강, 파랑, 노랑을 짙고 어둡게 사용하면 갈색이 된다.

흙, 낙엽, 목재의 색은 자연적, 평온한 느낌을 준다.

Point

1. 엷은 갈색은 부담스럽지 않은 밝은 느낌을 준다.
2. 암갈색은 따뜻하고 편안한 느낌을 주나 갈색끼리의 조화 시에는 톤의 차이 정도가 크지 않으면 단조롭게 보인다. 생생한 다른 톤과 어울려 사용하면 좋다.

(9) 흰　색

단순함, 순수함, 깨끗함으로 대표되며, 흰색이 너무 지나치게 강조되면 위생적 느낌이 너무 강해지며 공허하거나 지루한 느낌이 나게 되니 주의해야 한다.

흰색에 약간의 유채색을 섞어 Off White 계열로 만들어서 배경으로 많이 사용한다.

(10) 검 정

무겁고, 어둡고, 우울한 느낌, 두려움, 죽음 상징과 대조적으로 고급스러운 분위기, 상류사회 사치의 상징으로서 사용되는 상반되는 느낌을 가지는 색상이다.

- 의복에서는 일반적으로 상복(喪服)으로 많이 사용된다.
- 사회생활을 하는 비즈니스 슈트로 많이 사용된다.
- 흑인에게는 세련된 색상이다.
- 젊은이들에게는 자신들의 가치를 인정하지 않는 사회에 대한 반항과 저항의 의미로 사용된다.
- 유채색과의 대비에서 검정은 다른 색을 선명하게 보이는 효과를 준다.
- 검정과 약간의 유채색을 섞으면 따뜻함과 차가운 느낌을 부여한다.

Artist...

artist artist artist artist artist artist artist artist artist artist artist artist

Chapter **2**

바디아트
(Body Art)

바디아트(Body Art)

1 재료 및 도구에 대한 이해

(1) 기초 메이크업 제품(이미지 제공 : 애리조 화장품, 메이크업 매직)

① 메이크업 베이스

기초 화장을 마친 후 화장을 하기 전에
바르는 제품으로 색조 제품으로부터 피
부를 보호해주고 피부 톤을 보정해주는
제품이다. 파운데이션을 지속시키고 들

뜨는 것도 방지하는데, 너무 많이 바르면 오히려 화장이 밀리거나 뭉칠 수 있으므로 주의 한다.

② 화운데이션

피부 톤을 조절하고 기미나 반점 같은 결점들을 감추며, 자외선이나 먼지 등의 외부 자극으로부터 피부를 보호하는 기능이 있다. 2~3가지의 색상을 이용하여 얼굴의 윤곽을 수정해주면 입체감을 줄 수 있다.

③ 파우다

피부 화장의 마지막 단계에 사용하는 파우다는 파운데이션을 바른 후 피부의 유분을 흡수하고 메이크업을 고정시켜 준다. 자연스럽고 화사한 피부색을 표현하고, 파운데이션이 땀과 피지에 얼룩이 지는 것을 방지하여, 화장을 오래 지속시켜 줄 뿐만 아니라 색조 화장의 색감이 제대로 표현될 수 있도록 색조 화장의 효과를 높여 주는 역할을 한다.

④ 아이섀도

눈에 색감과 음영을 주어 입체감 있는 눈으로 보이게 해주며, 눈의 단점을 커버해 주는 효과가 있다. 케이크타입, 크림 타입, 펜슬 타입 등이 있다.

⑤ 아이라이너

속눈썹이 난 눈꺼풀에 가는 선을 그려서 속눈썹을 길어 보이게 하며, 눈매를 또렷하게 만들고 눈의 형태를 수정·보완해준다. 펜슬 타입, 리퀴드 타입이 있다.

⑥ 마스카라

속눈썹을 길고 짙게 보이게 하고, 볼륨감을 줌으로써 눈매를 깊이 있게 만들어 준다. 다양한 칼라가 있고 물이나 땀에 지워지지 않는 워터 프루프(Water Proof) 타입과 물에 잘 씻기는 워시 오프(Wash Off) 타입이 있다.

⑦ 아이 브로우 펜슬

눈썹을 그려주는 제품으로 연필형과 샤프형이 있고 섀도와 같이 사용하며 더 자연스러우면서 효과적이다.
색상은 주로 검정색, 회색, 갈색 등이며, 회갈색이나 흑갈색 같이 2가지 색상이 혼합된 색상도 있다.

⑧ 립스틱

립스틱은 얼굴전체 화장에 가장 뚜렷한 메이크업 효과를 가진다. 립 메이크업 시에는 입술의 윤곽을 살려주고 색감을 부여하여 표정을 한층 더 매력 있게 해 줄 뿐 아니라 얼굴 전체에 생동감을 준다.
립스틱 제품에는 입술을 촉촉이 해주는 립크림이나 립밤, 펜슬 타입의 립 라이너, 색상을 표현하는 립스틱, 글로시한 느낌을 주는 립글로스 등이 있다.

⑨ 블러셔

메이크업의 마지막 단계에서
피부에 혈색을 주어서 여성스
러움을 강조해주고 건강한 이
미지를 만들며 얼굴형을 수
정·보완하는 역할도 한다.
케이크입과 크림 타입이 있다.

(2) 바디아트 제품(이미지 제공 : 메이크업 매직)

① 수성 컬러(Aqua color)

수성 성분의 페인팅 재료에는 여러 가지
가 있는데 물을 묻히거나 물에 개어서
쓰는 아쿠아 컬러, 크림 타입의 아쿠아
크림, 액체 타입의 아쿠아렐 등이 있다.

▲ 아쿠아 칼라

아쿠아 컬러(Agua color)는 물에 개어서 사용함으로써 사용한 후에 마르면 색상이 조금 흐려진다. 아쿠아 컬러는 빨리 마르므로 그라데이션을 할 경우 신속하게 해야 한다

▲ 아쿠아 크림(Aquar cream)

아쿠아 크림(Agua cream)은 수성 물감으로 물에 지워진다는 점은 같지만, 이미 적당한 농도로 만들어져 있으므로 사용할 때 물을 섞어 사용하지 않아도 된다. 색상이 선명하고 마른 후에도 색상이 변하지 않기 때문에 스피디한 작품의 표현에 좋다. 또한 빨리 마르지 않아서 그라데이션 할 때 여유있게 할 수 있

▲ 아쿠아 렐(Aquarelle)

다. 그러나 작품이 손상되는 경우가 있으므로 주의해야 한다.

아쿠아렐(Aquarelle)은 액체 타입의 물감이므로 사용하기 전에 충분히 흔들어 주어야 한다. 붓에 직접 묻혀 사용하면 되고, 점이나 가는 선 등의 섬세한 부분을 묘사할 때, 강조하거나 마무리 할 때 쓰이는 물감이다.

② 유성 컬러(Cream color)

유성 컬러는 아쿠아 컬러에 비해 광택과 착색력이 뛰어나고, 자연스럽고, 부드러운 색감을 낸다. 그러나 쉽게 묻어나고 시간이 경과할수록 자연색으로 피부에서 배어 나오는 유분기로 인하여 색상들

이 번질 수 있다. 이때에는 투명 파우다 혹은 픽싱 파우다(Fixing Powder)를 사용해야 색상의 변화를 줄일 수 있다. 물에 지워지지 않으며 지울 때는 반드시 클린징 제품을 사용해야 한다.

③ 글리터스(Glitters)

일명 반짝이라고 불리며, 바디 페인팅의 효과를 조명 아래에서 한층 환상적인 느낌으로 만들어 주는 재료이다. 입체감을 주거나 화려하게 느낌을 강조하고 싶을 때 완성도를 높여 줄 수 있다.

파우다, 젤, 스프레이 등의 형태로 나오며, 입자가 굵은 것부터 가는 것까지 다양하고 색상 또한 매우 다양하다.

④ 형광 물감

UV광인 블랙 라이트에서 발광하는 특수한 물감이다. UV(Ultra Violet Light)의 조명은 빛이 있어야 발광 효과가 나타나는데, 외부의 빛을 차단하고 UV 조명의 밝기가 밝을수록 효과가 높아진다.

크림 타입, 액체 타입, 펜슬 타입, 스프레이 타입 등이 있으며, 헤어에도 사용할 수 있는 헤어젤 제품도 있다.

⑤ 머드(Mud)

자연산 진흙이나 화장품으로 나오는 제품을 사용해도 된다. 이와 비슷한 팩제나 다양한 팩 제품을 이용하면 피부에도 좋고, 안전하고, 유용한 재료가 될 수 있다.

⑥ 헤나(Hena)

'헤나'라는 식물의 잎사귀를 햇볕에 말린 후 곱게 갈아 몸에 그림을 그리는 것으로 5천년 전부터 인도, 아프리카, 중앙아시아 등에서 행운과 축복을 기원하는 상징으로, 또는 악한 기운을 막아준다는 생각으로 사용하였다.

(3) 도구

① 브러시(Brush)

바디아트의 브러시는 점, 선, 면의 표현이 용이한 브러시로서 기본 메이크업을 하는 브러시나 미술용 브러시를 사용한다. 바디아트용 브러시는 다른 용도와 겸해서 사용하지 않도록 한다.

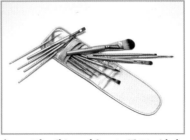

넓은 면적을 칠 할 때는 백 색의 넓고 큰 브러시, 그 외에 작은 점이나 가는 선을 그릴 때는 가늘고 둥근 붓을 사용한다. 용도에 따라 여러 종류의 둥근 붓과 납작 붓이 필요하다.

모, 족제비, 여우 등 천연 모피를 주로 쓰며, 인조 모를 쓸 수 있으나 자국이 남을 수 있는 단점이 있다.

② 스펀지(Sponge)

스펀지는 라텍스를 화학 처리하여서 부드럽게 부풀린 것으로 그 용도와 재료에 따라 여러 가지의 크기와 모양이 있다. 바디 페인팅 시에는 부드러우면서 넓고 둥근 모양이 좋다. 일반적으로 메이크업할 때에 화운데이션을 펴 바르는데 주로 사용된다.

③ 블랙 스펀지(Black Sponge)

일명 '곰보 스폰지' 라고도 불리며, 거친 느낌의 질감이나 분장 시에 상처, 수염 자국 등을 만들 때 사용한다. 나일론으로 만들어 졌으며 육각형 모양의 입자가 보인다. 바디 페인팅 시에는 특이한 질감 효과를 만들 수 있다.

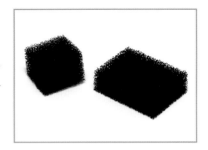

④ 아이브로우 플라스틱(Eyebrow Plastic)

눈썹을 가려주는 재료로 얇게 바른 후에 스프리트검을 발라 준 위에 페인팅을 한다. 더마 왁스나 플라스토도 같은 용도로 사용할 수 있다. 이외에도 인조 보석, 인조 속눈썹, 속눈썹 풀 등과 그 외에 아트 페인팅에 개성있는 표현 도구로 응용할 수 있는 것들이 많이 있다.

어떤 질감과 색감의 재료들을 응용할 것인가 하는 것은 디자인 하는 아티스트의 능력이라 할 수 있다.

⑤ 인조 속눈썹(Eye lash)

인조 속눈썹은 속눈썹을 길고, 짙게 보이게 하여 깊이 있는 눈매로 만들어 준다. 페이스 페인팅이나 바디 페인팅 시에는 다양한 컬러의 눈썹을 테마나 이미지에 알맞게 사용한다.

⑥ 인조 보석

속눈썹 풀을 사용해서 붙이는데 부분적으로 액센트를 주거나 꽃의 수술 등을 표현할 때 사용한다.

2 에어브러시(Air Brush)에 관한 이해

(1) 에어브러시

에어브러시는 압축한 공기에 의해 물감을 강하게 뿜어내 채색하는 것을 말한다. 다른 말로는 '공기 붓' '피스콤' 이라고도 한다. 디자인이나 상품 도색, 네일 아트, 바디 페인팅에 많이 사용되고 있으며, 최상의 그라데이션을 원할 경우에 많이 사용한다. 특히 짧은 시간내에 여러 명에게 페인팅해주어야 할 때에도 유용하다.

① 에어브러시 건(Air Brush Gun)
에어브러시 건은 버튼식과 방아쇠식이 있다.

버튼식 에어브러시는 오른손으로 연필을 쥐는 듯한 동작으로 검지나 엄지를 버튼 위에 올려놓고 작업준비에 들어간다. 강하게 당기면 물감의 양이 많아지며 넓고 엷게 칠해지고, 반대로 약하게 당기면 분무 범위가 좁아져 작은 점이나 가는 선을 그릴 수 있다.

방아쇠식은 권총을 쥐는 동작으로 검지로 레버를 당기는 정도에 따라 강약이 조절되므로 손이 피곤하지 않고 버튼식보다 간단하다.

② **콤프레셔(Compressor)**
에어브러시 건으로 보내는 압축 공기는 콤프레셔에서 만들어진다.
콤프레셔는 압축 공기를 저장하는 에어탱크와 항상 같은 압력으로 공기가 나오게 하는 압력조절기 등으로 이루어져 있다. 이외에 에어브러시 홀더, 압력조절 에어휠터 등이 있다.

▲ 콤프레셔의 에어브러시 홀더

▲ 압력조절 휠더

(2) 에어브러시 사용방법

에어브러시는 에어브러시 건, 압력조절 휠터, 콤프레셔로 이루어져 있다. 에어브러시 건의 구조를 보면 중간부분에 버튼이 있어서 아래로 누르면 공기가 나오며, 동시에 앞으로 당기면 물감이 나오는 노즐이 열리면서 물감이 분사된다. 노즐의 규격은 0.2mm~1mm가 있으며, 노즐의 지름이 작을수록 가늘고, 고운 입자로 분무된다.

① 선

선은 점의 연속으로 그려지므로 에어브러시 건의 높이를 일정하게 하고, 공기와 물감의 양도 일정하게 유지하면서 어깨와 그리는 선을 수평으로 유지해서 그린다.

- 경계가 선명한 직선

  스텐실을 길다란 자와 같이 만들어서 분사할 면에 댄 다음 에어브러시를 뿌린 다음 스텐실을 떼어내면 경계가 선명한 직선이 표현된다.

- 가운데 색상이 진하고 양쪽부분이 엷게 그라데이션 되는 선

  먼저 가운데 부분을 진하게 에어브러시를 뿌리거나 핸드 페인팅을 진하게 한 다음 양쪽을 그라데이션 하듯이 에어브러시를 이용해 물감을 뿌린다.

- 한쪽 경계가 선명하고 반대쪽은 점점 엷게 그라데이션 되는 선

  먼저 스텐실을 길다란 자와 같이 만들어서 면에 대고 에어브러시 물감을 뿌린 다음 다시한번 에어브러시를 이용해 직선 반대부분을 그라데이션 한다.

- 일정한 곡선을 표현할 경우

  일정한 곡선을 표현할 경우 오른손으로 에어브러시 건을 쥔 다음 일정하게 하고, 왼손으로 건을 쥔 오른손의 손목을 받쳐 주며 작업하는 것이 편리하다.

▲ 선을 이용한 작품[크리오란 제공]

② 면

면은 선의 겹쳐짐이 연속되어서 이루어지는 것이므로 에어 건과 분사 부위의 각도를 90도를 유지하며 물감의 분사량이 일정하여야 한다.

에어 건의 레버를 조작하여 분사할 때에 일정한 손의 힘 조절로 약하게 브러싱 한다.

농도를 올릴 때에는 레버를 당겨서 표현한 다음 분사 부위와 거리를 좀 더 멀리하여 얼룩진 부분을 약하게 분사하면서 부분적으로 수정해준다.

• 깔끔한 면의 채색

원하는 모양이나 크기의 스텐실을 만든 다음, 색상을 표현할 면에 에어브러시로 물감을 뿌려준다.

• 농담(濃淡) 처리가 필요한 면의 채색

레버를 당기는 힘은 똑같이 하되, 엷게 할 때는 거리를 좀더 멀리하여 분사하고 진하게 채색하고 싶은 때는 거리를 가깝게 하여 분사한다.

• 부드러운 외곽 라인의 면 채색

원하는 모양이나 크기의 스텐실을 만든 다음 색상을 표현할 부분에 에어브러시로 물감을 뿌려준다. 다음 스텐실을 떼고 외곽을 다시한번 에어브러시로 분사해준다. 또는 원하는 모양이나 크기의 면을 핸드페인팅으로 채색한 다음 그 외곽을 에어브러시로 분사해주어도 된다.

▲ 면을 이용한 작품[크리오란 제공]

▲ 면을 이용한 작품[크리오란 제공]

③ 그라데이션(Gradation)

한쪽 부분은 진하게 시작하여 서서히 엷게 칠해져 끝으로 갈수록 색이 나타나지 않도록 하는 농담(濃淡) 기법이다.

자칫 얼룩이 생길 수 있으므로 많은 연습과 집중이 필요하다. 곱게 그라데이션 하는 요령은 다음과 같다.

- 한번에 진하게 표현하려고 하지 말고 엷게 분사하여 덧바르는 요령으로 한다.
- 에어 건과 분사 부위의 각도는 반드시 90도를 유지한다.
- 농담 처리를 위해 레버를 당기는 힘의 조절을 충분히 연습해둔다.
- 손의 흔들림에 의해 분사되는 농도가 달라지는 것을 방지하기 위해 오른손에 에어 건을 쥐고 왼손으로 오른손의 손목을 살짝 받쳐주어 안정감 있게 한다.
- 섬세한 그라데이션 작업은 집중이 필요하므로, 조용한 주변환경에서 작업한다.
- 모델에게 필요한 정지된 동작을 요구하며, 섬세한 그라데이션 작업 시에는 작은 움직임도 허용치 않는다는 점을 주지시킨다.

▲ 면을 이용한 작품[크리오란 제공]

▲ 면을 이용한 작품[크리오란 제공]

④ 스텐실

투명 필름이나 종이 등에 미리 원하는 디자인의 문양을 그려서 오려낸 후
인체에 밀착시킨 다음, 에어브러시를 이용해 물감을 분사하여 표현하는
기법이다.

A. 문자 문양의 스텐실

여러 문자와 문양을 힘에 의한 레버 조절을 하거나 조작하는 손의 힘에 의
하여 다양한 그라데이션 효과를 주어서 재미있게 표현 할 수 있다. 이러
한 효과는 속도감을 주어 오른쪽에서 왼쪽으로 색상이 변해가는 그래픽적
느낌을 준다.

▲ 문자 스텐실

▲ 문자 그라데이션

B. 스텐실의 반복효과

간단한 하나의 문양이 여러 개로 반복되거나 겹쳐지면서 신비롭고 커다란 디자인을 만들수 있다. 예를 들면, 점박이를 반복적으로 브러싱 해주어 호랑이 느낌의 디자인으로 동물의 털색깔 무늬를 표현할 수 있다.

▲ 스텐실 반복을 이용한 작품[크리오란 제공]

C. 결 무늬 만들기

레이스, 어망, 철망 등 각종 복잡한 문양의 스텐실을 원하는 부위에 밀착
시키고 물감을 분사시키면 쉽게 결 무늬를 표현 할 수 있다.

▲ 결 무늬를 이용한 작품[크리오란 제공]

3 페이스 페인팅

(1) 페이스 페인팅에 관한 이해

페이스 페인팅은 바디 페인팅에서 범위를 좁혀서 얼굴에 예술 그림을 그리는 것으로 행사나 축제를 위한 것이 있다. 올림픽이나 월드컵의 응원단들이 볼이나 이마 등에 한국적인 소재의 문양을 그려 넣어 응원의 재미와 효과를 높여주고 있으며, 미국에서는 할로윈 파티를 비롯한 각종 파티에서 많이 응용되고 있다. 그러므로 페이스 페인팅은 각종 행사의 이미지에 맞게 디자인하여 일반적인 뷰티메이크업에서 탈피한, 얼굴을 마치 종이로 보고 과감하게 연출하는 메이크업 아티스트의 역량이 요구된다.

넓은 의미로 살펴보면 페이스 페인팅에 분장이나 환타지, 동물, 여러 캐릭터 메이크업에서 얼굴에 그리는 것은 모두 페이스 페인팅에 속한다고 할 수 있다. 그렇지만 여기서는 그러한 분장의 개념보다는 얼굴에 아쿠아 컬러, 라이닝 컬러로써 각종 축제나 행사에 유용하게 쓰이고 있는 예를 살펴보고자 한다.

Point

1. 바디 페인팅 완성시 부족한 부분을 체크하여 지우지 말고 가급적이면 색으로 보정하거나 에어브러시로 색을 한번 덧입혀 완성하도록 한다.
2. 완성작품 체크시 주제에 잘 맞게 표현 되었는지, 명암의 대비가 잘 이루어졌는지, 색감의 조화면에서 강조되어야 할 부분이 배분에 적절한지 등을 꼼꼼히 체크하여야 한다.
3. 튀거나 화려한 색상을 너무 많이 사용하면 자칫 작품이 지저분해 보일 수 있으므로 베이스 색상은 강조하는 색을 보정해주는 색으로 한다.
4. 주제에 맞는 바디 페인팅의 완성도를 높이기 위해서는 조명과 사진을 찍는 각도 또한 중요하다.
5. 바디 페인팅 쇼를 연출하여 모델이 퍼포먼스를 할 경우에는 수성보다는 유성 칼라가 동작을 용이하게 해주어 많이 사용되며, 작품 사진을 찍을 때는 색상의 선명도를 살리면서 사진 효과를 높이는 수성의 아쿠아 칼라를 사용하는 것이 좋다.

2005 아트페어

(사)한국분장예술인협회 제공

▲ 유은식 작품

▲ 정지혜 작품

▲ 이다정 작품

▲ 문지선 작품

(2) 환타지 메이크업

환타지의 어원은 '터무니 없는 공상, 종잡을 수 없는 상상, 즉흥적인 착상 등 즉, 계획된 디자인의 흥미로운 발명'을 뜻한다. 즉 자신이 상상하는 것을 구체적인 소재를 사용하여 표현하는 것과 추상적인 소재로 표현하는 2가지로 나누어 볼 수 있다.

> *첫째, 구체적인 소재 표현은 우리가 실물을 직접 확인할 수 있는 것을 재조명하여 형상화시키는 것으로써 꽃, 나무, 새, 물, 불, 흙, 실존하는 동물의 표현 등 이다.*
> *둘째, 추상적인 소재의 표현이란 보이지 않는 대상 즉, 계절, 사랑, 가상의 동물, 천사, 요정 등을 주제에 맞게 형상화 하여 표현하는 것이다.*

그러므로 어떠한 소재를 사용하더라도 주제를 잘 표현할 수 있는 것을 선택하여야 한다. 예를 들어 천사를 표현하면서 보는이로 하여금 천사라는 느낌보다는 괴기스럽거나 어두우면 환타지 메이크업이 아닌 자칫 그로테스크(Grotesque)에 치우쳐지기 쉽다.

환타지 메이크업을 예술사조와 연결해 살펴보자면 상징주의와 초현실주의에 가장 많이 부합된다. 상징주의적 특성은 인간의 내면을 강조하고 비합리성을 추구했으므로 신화나 신비한 주제 같은 비사실적 주제들을 주로 택했고 일상적 이미지를 왜곡해간다. 이는 어떤 감정이나 사고에는 그에 상응하는 조형세계가 있을 것이라 믿었기 때문에 환타지 메이크업에서는 상징주의에서 주로 사용하는 소재들을 찾아 볼 수 있다.

환타지 메이크업에서의 초현실주의는 인간의 상상력의 산물인 꿈에 기인한다. 그러므로 사용되는 소재는 다양하다. 환타지 메이크업은 현실을 초월한 메이크업을 디자인하는 아티스트의 역량이 매우 요구되며, 주제나 설정에 맞게 헤어, 의상, 소품을 조화롭게 연결시켜 환상적이고 이상적인 미적 요소에 부합되게 작품을 이끌어 나가는 것이다.

▲ 2005 아트페어 [죠우팅(中國) 작품]　　　　　　[(사)한국분장예술인협회]

▲ 한국적인 환타지 　　　　　　　　　　　　[(사)한국분장예술인협회 제공]

1) 환타지 메이크업 시에 재료를 사용하는 테크닉
- 아쿠아 컬러(수성 물감) : 물이나 땀에 잘 지워지므로 주의해서 사용하며, 빨리 건조하므로 색상의 그라데이션 처리를 신속하게 한다.
- 크림 컬러(유성 물감) : 물이나 땀에 쉽게 지워지지 않으므로 수정이 어려운 점을 감안하여 되도록이면 수정을 피해 준다.
- 브러시 : 일반적으로 메이크업 브러시나 화방에서 구입한 피부에 자극이 없는 부드러운 브러시를 여러 종류의 굵기나 크기로 준비한다.
- 에어브러시 : 에어브러시에서 물감을 사용할 때에는 농도를 잘 맞추어야 하므로 작업 전에 자신의 손등에 뿌려 보아서 색의 농도를 살핀 후에 사용한다.
- 글리터 : 주로 라이닝 컬러로 색감을 입힌 후에 사용하면 접착력이 좋아진다.
- 스톤 : 스톤의 종류나 반짝이는 정도를 잘 생각하여 선택한다. 스톤은 밝기나 크기에 따라서 가격이 많이 달라진다.
- 반짝이 : 반짝이를 사용할 때에는 원하는 부위를 뺀 나머지 부위에 번지지 않도록 종이나 천을 주위에 받쳐주듯이 감싸주고 작업을 진행한다.

2) 환타지 메이크업 시술 순서
① 주제에 맞는 디자인을 구상한다.
② 전체적인 구도를 결정하고 일러스트를 제작한다.
③ 흰색 펜슬이나 아쿠아 컬러 연한색 혹은 흰색으로 원하는 부위에 스케치 한다.
④ 밝은 색부터 시작하여 전체적인 구도를 생각하며, 가장 넓은 부위부터 색깔을 입힌다.
⑤ 세밀한 부분묘사를 한다.
⑥ 부분적으로 수정해나가면서 정리를 시켜준다.
⑦ 다시 한번 전체적으로 조화가 잘 이루었는 지를 체크하고 마무리한다.

환타지 메이크업 할 때에 중요시 되는 테크닉

1. 창의적인 디자인의 구상
2. 메이크업 시술 전의 아이디어 스케치
3. 색채의 조화(환상적인 분위기 연출)
4. 주제에 부합되는 소품과 의상

(3) 구상작품

구상작품이란 첫 번째, 우리가 직접 보고 실존하는 대상. 즉, 실물을 직접 확인할 수 있는 것을 재조명하여 형상화시키는 것(꽃, 나무, 새, 물, 불, 흙, 실존하는 동물의 표현 등)과 두 번째, 추상적인 소재의 표현이란 보이지 않는 대상(계절, 사랑, 가상의 동물, 천사, 요정 등)을 주제에 맞게 형상화하여 표현하는 것이다.

▲ 물고기를 응용한 환타지 작품

▲ 새를 응용한 환타지 작품

▲ 나무를 응용한 환타지 작품

▲ 크리오란 제공

(사)한국분장예술인협회 제공

▲ 작품1. 제작전 일러스트

▲ 2005 아트페어 [김경분 작품]　　　　　　　　[(사)한국분장예술인협회 제공]

▲ 작품2. 제작전 일러스트 : 옵 아트(Op art)를 응용한 작품 [공영희 작품]

(4) 기타 작품의 예

1) 가부끼

가부끼는 일본의 전통적 무대예술의 하나이다. 약 390년 전에 탄생하여 지속적으로 변천해오고 있으며, 오늘날에도 여전히 많은 사람들에게 즐거움과 감동을 주는 매력을 지니고 있다.

가부끼는 오늘날의 사실주의를 추구하는 일반적인 연극과는 달리, 가부키 특유의 양식과 미의식에 의해서 만들어 진다. 가부끼의 무대에서 이루어지는 모든 연기나 대사는 음악과 더불어 전개된다는 특징이 있다. 그러므로 관객들은 이미 알고 있는 극의 전체적인 스토리보다는 음악과 더불어 전개되는 극의 각 장면을 즐긴다.

가부끼는 오페라나 뮤지컬 등의 음악극 장르에 가깝다고 할 수 있다. 따라서 가부끼는 가벼운 기분으로 즐기는 양식화된 음악극의 일종이다. 이러한 양식성은 배우와 연기에도 많이 나타난다. 분장 방법이나 동작, 등퇴장하는 방법 등에 정형화된 양식을 활용하여 배우가 전달하고자 하는 메시지를 즐겁고 설득력 있게 전달한다.

가부끼 배우들은 얼굴에 매우 짙은 메이크업으로 등장 인물의 성격을 나타낸다. 얼굴에 유성 염료로 붉은 색의 줄이나 파란 색의 줄을 그려서 배역의 성격을 표현하는데, 대체적으로 씩씩하고 선량한 사람, 즉 영웅이나 강한사람 등은 붉은 색으로, 악인이나 유령은 푸른색으로 그린다.

그로테스크하며 매우 과장된 메이크업을 함으로써 선인과 악인의 내면적 성격을 분장을 통해 드러나게 하는 이런 유형화된 화장법을 '구마도리'라고 한다. 여자역은 얼굴과 목덜미를 하얗게 만들고, 입술을 작게 표현하여 요염한 여성미를 표현 하는데 이러한 캐릭터 분장은 가부끼 연출에서 가장 중요한 부분이라고 할 수 있다.

가부끼의 작품은 그 기준에 따라서 여러 가지로 분류되는데, 창작과정을 염두에 두고 순가부끼(純歌舞伎), 기다유가부끼(義太歌舞伎), 신가부끼(新歌舞伎), 무용극(舞踊劇) 등의

4가지로 분류해 볼 수 있다. 또한 작품의 내용에 따라서 지다이모노(時代物), 세와모노(世話物), 오이에모노(お家物) 등으로 구별하기도 한다.

① 지다이모노(時代物)는 고대나 중세의 귀족이나 무사들이 주인공이 되는 역사극을 가리킨다.

② 세와모노(世話物)는 근세 서민들의 실생활 가운데 일어난 사건을 다룬 작품들이다.

③ 오이에모노(お家物)란 근세에 다이묘(大名)들의 번(藩)을 중심으로 일어난 사건을 다룬 작품이다.

서민들의 세계에서부터 무사들, 귀족들의 세계에 이르기까지 다양한 등장인물과 배경을 지니는 가부끼는 오늘날에도 새로이 창작되며 레퍼토리를 확대시켜 나아가고 있다.

Point

가부끼 메이크업 시술 순서

가부끼 메이크업의 예로 현재 가장 많이 쓰이고 있는 일반적인 여자 메이크업에 대해서 알아본다

1. 흰색 파운데이션이나 크라운 화이트를 얼굴과 목 전체에 바른다.
2. 흰색 파우더를 부드럽게 발라주어 깨끗한 느낌으로 표현한다.
3. 아이새도는 연한 핑크색을 아이-홀 부분까지 자연스럽게 그라데이션하고, 쌍꺼풀 라인에 붉은색 아쿠아 컬러를 이용하여 표현한다.
4. 입술은 원래의 입술보다 과장될 만큼 작게 인커브 라인 입술 모양으로 그리는데 붉은색 계통으로 발라준다.
5. 연한 핑크색과 붉은 색을 섞어서 눈위, 눈밑 부분을 그라데이션 해준다.

2) 경극

경극은 북경(北京)에서 발전하였다고 하여 '베이징 오페라'라고도 한다. 서피(西皮), 이황(二黃) 2가지의 곡조를 기초로 하므로 '피황희(皮黃戱)'라고도 한다. 14세기부터 널리 성행했던 중국 전통 가극인 곤곡(崑曲)의 요소가 가미되어 만들어졌으며, 경극의 의상이나 분장을 살펴보면 상징적인 면을 강조하고 있다.

경극은 극본, 연기, 음악, 노래, 소도구, 분장, 의상 등의 예술적 요소를 다채롭게 결합한 총체적 예술인 동시에, 서양의 공연예술과는 달리 이러한 다양한 예술적인 요소를 사실적이 아닌 상징적 원리하에 더욱 세련되게 발전시켰다는 점이 예술적 가치로 인정받고 있다.

경극의 메이크업도 배역의 외모나 성격을 사실적으로 나타내려는 것이 아니라 배역의 성격과 특징을 상징적으로 나타내려는 것으로 색깔과 디자인이 중요시 된다. 예를 들어 빨간색은 충의, 흰색은 교활, 파란색은 사악함, 검정색은 우직함을 상징하고, 눈을 삼각형으로 묘사하면 음험한 인물을 나타내며, 코 부분에 흰색으로 두부 모양을 그려 넣으면 그가 어릿광대임을 나타낸다.

경극은 우리나라와 마찬가지로 그 내용이 권선징악(勸善懲惡)적인 것이 특징이다. 용감하고 잘생기고 선한 남자주인공은 생(生)이며, 선하고 아름다운 여자주인공은 단(旦)으로 칭한다.

3) 삐에로

삐에로란, 18세기 이후 프랑스에서 '무언극'의 등장으로 무대에서 관중들을 웃기는 익살꾼으로 불리기 시작했으며, 우리나라로 말하자면 어릿광대 역할이라고 말할 수 있겠다. 삐에로는 모든 극이나 모임집단 등에서 본 막이 시작되기 전에 관중들의 지루한 시간을 달래주기 위해 무대에 나와서 우스꽝스럽고 재치있는 행동으로 익살을 부려서 쉽게 어울리는 분위기를 조성한다.

클로운(CLOWN)-어릿광대로도 불리는 삐에로는 초기에는 갖가지 색의 용모로 등장하여 단순하고, 서투르며, 수줍어하는 감상적인 인물로 표현되었으며, 중기에는 궁전광대, 악당, 시골뜨기, 악마로 그리고 요즘에 와서는 외부 세계에 적응하지 못해 일어나는 희비적 상황을 묘사하는 모습으로 변화되었다.

우리나라의 마당놀이와 탈춤에서 보여주는 바보나 머슴의 말과 행동을 통해 시대를 풍자하는 부분과 탈춤에서 자신의 얼굴을 가리는 '탈'을 쓰는 면이 서양의 삐에로와 흡사하다.

▲ 삐에로 메이크업

4 바디 페인팅(Body Painting)

(1) 바디 페인팅에 관한 이해

바디 페인팅의 시조는 원시시대부터 인간이 살아오면서 적이나 동물들로부터 자신의 보호와 생존을 위해 얼굴이나 몸에 그림 혹은 부호를 그리고 색을 칠한 것으로부터 시작되었다. 이는 자연에서 풀, 나무, 식물의 즙에서 원료를 얻고, 독특한 색상의 토양을 이용하여 신체에 여러 가지 문양을 그리고 동물의 뼈, 이빨, 가죽, 조개껍질 등으로 장식함으로써 시작되었다고 보여진다.

이들은 자신의 보호, 주술적인 목적, 계급이나 신분, 종교 등을 나타내기 위한 목적으로 바디 페인팅을 했다. 그러다가 이것이 여성의 미를 돋보이게 하는 메이크업으로 발전하였고, 다시 예술적 미를 창조하는 단계로 발전하여 오늘날의 바디 페인팅 형태가 되었다.

오늘날에는 주로 예술 활동이나 기업 제품의 홍보를 위한 목적에서 하고 있지만, 원래는 아프리카 원주민, 아메리카 인디언 부족 사이에서 오래 전부터 전해내려 오던 관습이었다. 우리나라에서 일반인들이 바디 페인팅에 대해 알게 된 것은 2002년 월드컵 응원을 통해서였다. 당시 응원을 나온 사람들은 거의 모두가 얼굴에 태극기나 축구공을 그려 넣고 있었는데, 이 바디 페인팅 작업을 주도한 사람들이 바디 페인팅 아티스트들이었다. 따라서 바디 페인팅의 영역은 페이스 페인팅 환타지 메이크업도 포함되는 광범위한 영역이라 할 수 있겠다. 또한 바디 페인팅은 단순히 인체에 그림을 그리는 것만으로 완성되는 것은 아니며 기업 제품의 홍보를 위한 바디 페인팅은 무대와 조명, 컨셉트에 맞는 소품, 음악, 특수효과, 모델의 퍼포먼스 등의 모든 것이 완전한 조화를 이룸으로써 하나의 작품이 만들어지는 것이다.

1) 효과적인 바디 페인팅을 하는 방법

- 주제의 특징을 정확하게 파악하여, 창의적인 형태를 갖추도록 아이디어 스케치를 여러 각도로 해보고 그 중에 잘된 것을 선택한다.
- 작품 제작 전에 컬러링이나 기본적인 데생을 미리 연습해본다.
- 스케치를 할 때는 하얀 색이나 베이스 색깔 중에 연한 색으로 한다.
- 컨셉(Concept)에 맞게 잘 표현해야 한다.
- 작품을 돋보이게 할 수 있는 소품을 찾아낸다.

- 전체적인 느낌이 하나하나의 디자인의 개체들과 잘 어울리게 레이아웃을 한다.

2) 아쿠아 컬러와 크림 컬러를 이용한 바디 페인팅

- 아쿠아 컬러는 물에 잘 지워지는 단점이 있는 반면에 물에 의해 여러 가지 질감이나 다양한 농도의 색상을 낼 수 있는 장점이 있다.
- 크림 컬러는 물에 의해 쉽게 지워지지 않으므로 땀에 쉽게 지워지기 쉬운 부위에 사용하는 것이 적합하다.
- 아쿠아 컬러는 수성이므로 밑그림 제작을 할 때 편리하며, 크림 컬러가 가지는 윤기는 없지만 가는 붓을 이용하면 강한 색감을 깔끔하게 표현할 수 있다.
- 크림 컬러는 바르고 나면 끈적거림이 있으므로 글리터(Glitters)나 반짝이를 그 위에 자연스럽게 뿌려서 광택이 더욱 나도록 표현을 할 수 있다.
- 아쿠아 컬러로 디자인을 하고 색감을 입힌 후, 크림 컬러를 이용해 정리를 해주어 다양한 느낌으로 표현을 할 수 있다.
- 핸드 페인팅은 에어브러시를 이용해 작품을 하는 것과 달리 회화적인 느낌을 가질 수 있으며, 에어브러시와는 다른 느낌의 선을 표현 할 수 있다.
- 색감 역시 여러 색을 혼합하고 덧발라 표현하면 다른 묘미를 느낄 수 있다.

Point

바디 페인팅할 때 주의 사항

1. 바디 페인팅은 신체의 아름다움을 이용한 작품이므로 주제에 적합한 모델 선정에 신경을 쓰도록 한다.
2. 작품의 성격에 따라 작업 시간이 길어질 수 있으므로 모델에 대한 양해와 함께 사전에 협의가 중요하다.
3. 모델의 신체적으로 예민한 부위를 감안하여 작품을 진행한다.
4. 작품을 완성한 후 아쿠아 컬러나 에어브러시 수성으로 작업한 것이 지워지지 않도록 유의한다.
5. 바디 페인팅의 작품에는 전신과 반신이 있다. 전신을 표현 할 때는 누드 모델이 필요하며, 반신의 바디 페인팅은 의상과 소품을 이용해서 작품과 조화를 이루도록 한다.
6. 페이스 페인팅, 환타지 메이크업도 바디 페인팅의 범주에 들어가므로 바디 페인팅의 영역은 광범위하다고 할 수 있다.

(2) 추상작품

▲ 추상작품1. 일러스트

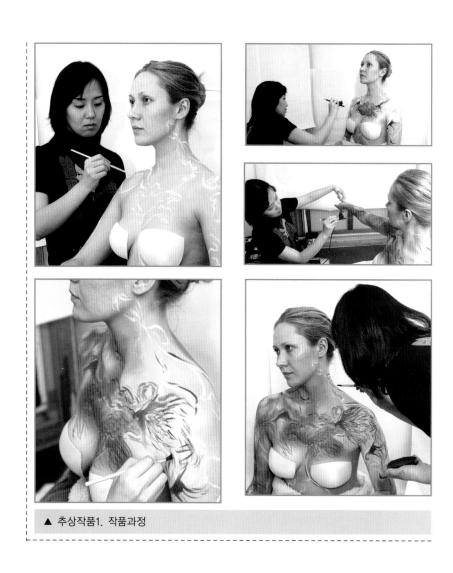

▲ 추상작품1. 작품과정

바디 페인팅은 모델의 다양한 포즈에 따라 여러 가지 다른 모습으로 연출을 할 수 있다. 인체의 아름다운 굴곡에 여러 가지 색상과 재료를 이용해 무궁무진하게 작품을 표현한 후에 촬영할 때는 메이크업 아티스트가 어떤 분위기로 모델에게 어떤 포즈를 취하게 하여 작품을 더욱 아름답게 표현할 것인 지를 구상해야 한다. 이러한 이유로 사전에 모델과 바디라인을 정확히 파악하고 일러스트를 제작한 다음 어떤 각도로 어떻게 작품을 연출할 것인 지를 아이디어 스케치와 함께 사전에 모델과 연습해보는 것이 필요하다.

▲ 추상작품1

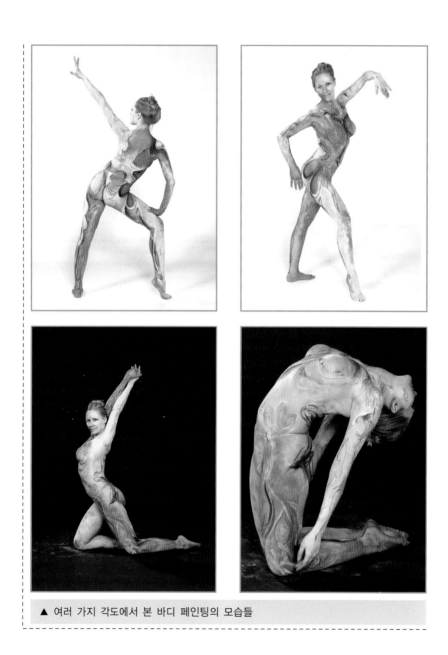

▲ 여러 가지 각도에서 본 바디 페인팅의 모습들

[크리오란 제공]

▲ 2005 아트페어 [제네쓰 마짐산(말레이시아) 작품]　　　[(사)한국분장예술인협회 제공]

(3) 구상작품

▲ 추상작품2. 일러스트

[크리오란 제공]

▲ 2005 아트페어 [유은실 작품]　　　　　　[(사)한국분장예술인협회 제공]

Artist...

artist artist artist artist artist artist artist artist artist artist artist artist artist

캐릭터
메이크업

chapter **3**

캐릭터 메이크업

1 재료 및 도구에 대한 이해(이미지 제공 : 메이크업 매직)

효과적인 캐릭터 메이크업의 표현을 위해서는 메이크업 아티스트의 뛰어난 기술과 디자인 능력은 물론이고, 캐릭터 메이크업에 필요한 다양한 재료들의 특성에 관한 이해가 반드시 필요하다. 따라서 표현하고자 하는 상황 설정에 가장 효과적인 재료를 선택하여 올바르게 사용하고 적용함으로써 보다 훌륭한 효과를 얻을 수 있다고 하겠다. 즉, 다양한 캐릭터 표현을 위한 다양한 재료의 사용과 상황에 맞는 적절한 재료 선택에 대한 지식은 메이크업 아티스트로서 갖추어야 할 중요한 자질 중의 하나라고 할 수 있다.

현재 일반적으로 사용되고 있는 캐릭터 메이크업의 제품들은 아쉽게도 국내 제품보다는 외국 제품에 주로 의존하고 있는데, 그 제조 혹은 판매회사의 브랜드를 살펴보면 KRYORAN, JOE BLASCO, BOB KELLY, LEICHNER PRODUCTS, MAX FACTER, BEN NYE, MEHRON INC, MITSWYOS 등이 있다. 브랜드마다 각기 다른 장점과 단점이 있으므로 특정 제품만을 고집하기 보다는 기법의 능률성과 효율성을 높이기 위하여 다양한 재료들을 접해 보는 것이 필요하겠다. 그러면 캐릭터를 하기 위해 필요한 대표적인 재료와 도구들에 대해 알아보자.

▲ 다양한 캐릭터 메이크업 재료들

(1) 팬케익(Pancake)

얼굴 혹은 신체의 넓은 부위를 분장할 때 쓰이는 고체 상태의 수성 베이스로, 분첩을 이용하여 바로 사용하거나 스펀지 퍼프에 물을 적셔 피부에 펴 바른다. 스펀지 퍼프를 물에 적셔 사용할 경우, 건조가 빠르기 때문에 사용하기 편리하며 피부의 질감을 그대로 살릴 수 있다. 또한 물에 강하고 파우더 처리를 할 필요가 없다는 장점이 있지만, 다소 매트하게 표현되어질 수 있다. 케이크 파운데이션(Cake Foundation)이라고도 하며 비누를 사용하여 쉽게 지울 수 있다.

(2) 러버 마스크 그리스(Rubber Mask Grease)

점도가 높은 유성의 커버 페인트로, 그리스 페인트 또는 티피엠(T.P.M) 등의 상표로 제품화 되어 있다. 부착력과 피복력이 뛰어나 무대 메이크업용으로 사용하거나 라텍스나 플라스틱 및 폼 마스크 표면의 채색에 사용한다. 고무나 플라스틱, 실리콘 등의 표면 채색에 일반

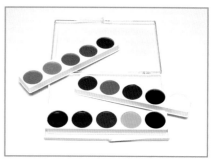

유성 파운데이션과는 다르게 시간이 경과한 후에도 변색되지 않고 채색이 잘

된다는 장점이 있으나, 점도가 매우 높으므로 얇게 채색하기에는 어려움이 있다. 일반 라텍스 스펀지 보다는 고무 점각 스펀지를 사용하는 것이 좋다.

(3) 라이닝 컬러(Lining Color)

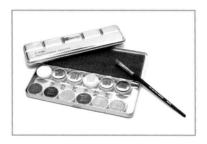

크림 타입의 유성 컬러로 다양한 색상이 있으며 색이 선명하다는 장점이 있지만 주변에 번지거나 묻어날 수 있다. 페이스 페인팅, 바디 페인팅에 주로 사용되며 멍, 화상, 수염 자국 등의 캐릭터 메이크업에도 사용되고, 일반 파운데이션이나 러버 마스크 그리스와 섞어 피부 톤과 색상 조절에 사용한다.

(4) 아쿠아 컬러(Aqua Color)

페이스 페인팅과 바디 페인팅에 주로 사용되는 아쿠아 컬러는 물의 양에 따라 농담을 조절하여 사용하며, 땀이나 물에 약하므로 픽스 스프레이로 고정시켜 사용한다. 라이닝 컬러에 비해 마르고 난 후 발색 효과가 다소 떨어지며, 빠른 속도로 마르기 때문에 그라데이션을 빨리 해야 하고, 두껍게 바를 경우에는 피부 움직임에 따라 갈라지고 벗겨질 수 있으므로 주의한다. 워터 컬러(Water Color), 워터 메이크업(Water Make-up)이라고도 하며, 고형 타입과 크림 타입, 리퀴드 타입이 있다.

(5) 수염

1) 생사(Raw Silk)

누에고치에서 나온 비단실로, 피부에 직접 붙이는 수염 캐릭터에 주로 사용되어 진다. 흰색의 생사에 필요한 색상을 염색하여 사용한다. 생사는 부드러워서 붙이기가 쉽고 염색이 가능하여 원하는 색상을 표현할 수 있지만, 습기에 약하기 때문에 뭉칠 수 있고 힘이 없어 흐트러지기 쉬우며 윤기가 없어 사실감이 떨어지기 때문에 주로 인조사와 혼합하여 사용한다.

2) 나일론 사(Nylon Thread)

나일론 사는 여러 가지 굵기와 다양한 색상의 제품이 있으므로 용도와 표현 효과에 따라 적절하게 조절하여 선택한다. 나일론 사는 힘이 있어 형태가 잘 유지되고 습기에 강하지만 화학 소재로 만들어졌기 때문에 너무 뻣뻣하여 붙이기가 어렵고 윤기가 너무 강해서 다소 인위적인 느낌이 들수도 있으므로 생사와 혼합하여 사용하면 효과적이다. 주로 가발 제작이나 뜬 수염(망 수염) 제작시 사용되어지는데, 일반적인 수염 부착 시에는 21데니어(Denier)의 굵기 정도가 적당하다.

3) 크레이프 울(Crape Wool)

양털을 꼬아놓은 것으로 미국이나 유럽 등지에서 주로 사용되어진다. 생사에 비해 올의 길이가 짧고 굵기가 가늘며 웨이브가 있어 서양인의 수염 표현에 적당하고, 부드러워 다루기 쉬우며, 염색이 용이하여 다양한 색상 표현이 가능하다. 한국인의 수염 표현에는 적당하지 않으며 서양인의 수염 표현에 많이 활용되는데 습기에 약하고 힘이 없어 쉽게 흐트러지는 특성이 있다.

▲ 다양한 수염 재료의 종류

(6) 블랙 스펀지(Black Sponge)

벌집 형태의 구조로 이루어진 나일론제 스펀지로 곰보 스펀지 또는 블랙 스펀지 라고도 부르며 긁힌 자국, 수염 자국, 기미, 주근깨 등 질감 표현의 효과를 위 해 사용되어진다.

(7) 티크(Tique)

한복의 쪽머리 작업 시에 헤어를 정리하는 용도로 사용하거나 찍는 수염 작업 시에 사용하는 스틱형 도란을 일컫는 이름이다.

(8) 액체 라텍스(Liquid Latex)

고무나무 수액에 암모니아나 가성칼륨을 혼 합하여 만든 흰색의 액체 고무로서 공기 중 에서 시간이 경과하면 투명한 색의 탄력성 을 지닌 고체 상태로 변한다. 볼드캡 제작, 화상, 상처, 벗겨진 표피, 주름표현, 돌출된 작은 상처, 여드름 표현 등 손쉽게 여러 용

도의 특수한 표현이 가능하다. 또한 신축성이 뛰어나고 질기지만 암모니아 성 분 때문에 강한 냄새를 가지고 있으며 독성이 강하므로 장시간 다량의 사용은 피부 알레르기를 유발시킬 수 있다. 탈지면이나 티슈와 함께 다량의 라텍스를 사용했을 경우 건조시키는데 많은 시간이 소요되므로 요철이 심한 표현이나 얼굴 또는 부위가 넓은 부분의 라텍스 사용은 가급적 피하는 것이 좋다.

(9) 왁스(Wax)

왁스는 특수캐릭터 메이크업이 활성화되기 전까지 매우 폭 넓게 사용되던 재료로서 더 마 왁스(Derma Wax), 퍼티 왁스(Putty Wax), 노즈 왁스(Nose Wax), 스카 왁스(Scar Wax), 플라스토(Plasto) 등의 제품들이 있

다. 각각의 제품들은 점도나 색상에 있어서 약간의 차이가 있으므로 표현하고 자 하는 효과에 맞게 선택하여 사용하고, 작업시 손에 달라붙는 것을 방지하기 위하여 손가락에 클렌징 크림이나 오일을 약간 묻혀 사용하면 효과적이다. 동 맥절단 효과, 칼자국 등의 상처, 작은 혹, 화상 등 비교적 작은 입체 표현에 효 과적이며 빠른 시간내에 간편하게 사용할 수 있다는 장점이 있지만, 열에 약하 고 물리적 힘이나 접촉에 의해서 형태가 쉽게 변형된다. 또한 정교하거나 말끔 한 색상 표현이 어렵고 무게로 인해 큰 부위를 표현하고자 할 경우에는 적합하 지 않다.

(10) 젤 스킨(Gel Skin)

젤라틴(Gelatin)과 글리세린(Glycerin) 및 물을 혼합하여 간단히 제조할 수 있는 젤 스 킨은 넓은 부위의 화상, 썩은 피부, 울퉁불 퉁한 피부 표현이나 넓은 상처 및 흉터 등의 표현에 매우 편리하게 이용되고 있으며 사 용 시에는 끓는 물에 중탕하여 녹인 후 따뜻

한 정도로 식혀서 사용한다. 젤스킨은 질감 표현에 있어서 그 효과가 매우 뛰 어나지만 젤 스킨을 녹이고 피부에 바르기 위해 식히는 과정에서 다소 시간이 걸리고, 굳기 전에 빠른 작업이 진행되어야 하며, 돌출을 심하게 표현할 경우 무게로 인하여 떨어질 우려가 있다.

(11) 오브라이트(Oblate)

녹말이 주성분인 얇은 식용 비닐로 화상캐릭터 메이크업에 주로 이용된다. 여 러 겹을 구겨서 약간의 물을 분무하여 피부에 밀착시키고 가볍게 파우더 처리 한 후에 원하는 베이스를 발라준다. 주로 기포가 생긴 화상캐릭터 메이크업에 사용되어지는데 물의 양을 너무 많이 뿌려 주면 오브라이트가 녹을 수 있으므 로 주의한다.

(12) 콜로디온(Collodion)

투명한 액체 상태인 콜로디온은 피부가 수축, 굴절되는 성질을 이용하여 바르 는 정도에 따라 부드러운 콜로디온은 솜이나 티슈와 함께 상처를 표현하는데 사용되고, 딱딱한 콜로디온은 오래된 칼자국이나 깊은 흉터, 피부 굴절 등을 표현하는데 사용되어진다. 냄새가 강하고 인체에 해로우므로 환기가 잘되는 곳에서 작업하는 것이 좋고, 피부 진단 후에 사용할 것을 권하며, 눈가 주위에는 사용하지 않는 것이 좋다. 제거 시에는 완전히 마른 후 벗겨내거나 아세톤 또는 석유를 사용하여 제거한다. 일본 제품으로는 켈로스킨(Keloskin)이 있다.

(13) 튜플러스트(Tuplast)

튜브 안에 들어있는 투명한 젤 타입의 액체 플라스틱으로 상처나 물집을 표현하는데 사용한다. 튜브에서 짜내어 바로 피부에 부착시켜 사용하고 아세톤에 녹으므로 상처 가장자리 경계의 섬세한 표현이 가능하다.

(14) 실러(Sealer)

눈썹을 감추기 위해 왁스로 캐릭터 메이크업을 한 후, 또는 라텍스나 왁스를 이용한 상처를 표현한 후 그 표면 위에 발라주면 단단하고 매끄러운 코팅 효과를 준다. 또한 가장자리를 표시나지 않게 연결시켜 주는 역할과 함께 채색 작업에도 도움을 준다. 젤

타입의 액체로 살색과 투명한 색이 있으며 접착력이 강하지 않고 굳는 속도가 다소 늦다. 인체에는 무해하며 아세톤이나 알코올을 사용하여 제거한다.

(15) 글리세린(Glycerin)

냄새가 없는 투명 점액성 물질로서 표면 장력으로 인하여 방울처럼 뭉치는 현상을 이용하여 땀방울의 표현이나 진물, 흐르는 눈물자국 표현에 효과적으로 사용되어진다. 또한 젤스킨 제조의 첨가물로 사용되어지거나 금속질 분을 바르기 위한 기초작업에 사용되어지기도 한다.

(16) 액체 플라스틱—글라짠(Glatzan)

글라짠은 입체 상처나 볼드 캡을 만들 때 사용하는 액체 플라스틱 용액이다. 볼드 캡 제작시 얇고 매끈하게 만들 수 있어 자연스런 표현이 가능하지만 인체에 유해한 냄새를 가지고 있으므로 환기가 잘되는 곳에서 작업을 해야 한다. 점도가 높으므로 맥(Mek)이나 아세톤으로 용해하여 농도를 조절한다.

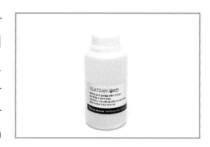

(17) 인조 피(Artificial Blood)

1) 블러드 페인트(Blood Paint)

액체 타입의 인조 피로 외국 제품의 경우 농도와 색에 따라 다양한 제품들이 있지만 모든 종류의 제품들이 수입되어 있지 않으며, 수입품의 경우 재료비의 부담이 크므로 사고, 혈투, 전쟁 등 많은 양의 피가 필요할 경우에는 상황에

맞는 용도에 따라 직접 제조하여 사용하는 것이 좋다.

2) 매직 블러드(Magic Blood)

투명과 반투명으로 된 2가지의 각기 다른 성분이 섞임으로써 피가 표현되어지는 재료로서 섞이는 곳의 모양을 따라서 피가 나는 듯한 효과를 줄 수는 있으나 발색이 약하며 타이밍을 맞추기가 어렵다는 단점이 있다.

3) 캡슐 블러드(Capsule Blood)

입에서 피가 흐르는 효과를 연출할 때 사용하는 것이다. 인조 피, 쵸코 시럽 혹은 체리 시럽을 넣은 캡슐을 연기자가 입속에 넣고 있다가 가격을 당하는 동시에 터트려 입에서 피가 흘러나오도록 하는데 사용한다. 입속에서 미리 터지지

않도록 연기자가 시간을 잘 조절해야 하며, 캡슐 자체를 삼키지 않도록 주의시켜야 한다.

4) 블러드 파우더(Blood Powder)

붉은색의 파우더로 붓을 사용하여 피부
나 머리카락 속에 묻힌 다음 그 위에 물
을 뿌리면 피가 흐르는 효과를 얻을 수
있다.

5) 픽스 블러드(Fix Blood)

픽스 블러드는 굳거나 덩어리진 피 효과
에 적합하며 아세톤으로 제거한다.

6) 아이 블러드(Eye Blood)

스포이드 형태의 액체 성분으로 충혈된
눈, 광기 어린눈의 표현에 사용한다. 노란
색, 적색, 청색, 검정색 제품이 있고, 사
용 후 효과는 1~2분 지속되며 다량을 자
주 사용할 경우 눈에 좋지 않다.

(18) 스피리트 검(Spirit Gum)

스피리트 검은 송진(Pine Resin)을 메틸 알
코올(Methyl Alcohol)로 용해한 반투명 액
체 상태의 접착제로서 수염, 가발, 상처 조
각, 볼드 캡, 각종 마스크 등의 부착을 위해
사용되거나 탈지면과 섞어 얼굴 모습을 바
꾸는데 사용되고, 눈썹을 지우는데 사용되

어지는 등 캐릭터 메이크업이나 스페셜 이펙트 메이크업(Special Effect
Makeup)에 광범위하게 사용되고있는 재료이다. 제품에 따라 마르는 시간과

마르고 난 후의 광택에 차이가 있으며, 광택을 경감시키기 위하여 카보실(Cab O-Sil)을 첨가한다. 스피리트 검 전용 제거액으로 떼어내기도 하고 석유나 알코올 등을 사용하여 제거하기도 한다.

(19) 듀오 접착제(Duo Adhesive)

액체 라텍스의 일종으로 라텍스를 정제하여 자극적인 냄새와 독성을 없앤 제품이다. 속눈썹이나 마스크를 붙일 때 사용하거나 눈가의 주름을 만들 때 사용하기도 하는데 흰색과 검정 색의 2종류가 있으며, 흰색의 경우 마르고 나면 투명한 고체가 된다.

(20) 의료용 접착제(Medical Adhesive)

인체에 무해한 의료용 접착제로 스피리트 검 사용시 부작용이 있는 예민한 피부에 적합하나 접착력이 약하고, 제거 시에는 전용 제거제를 사용하거나 아세톤으로도 제거가 가능하다.

(21) 수염 빗(Comb)

정전기를 방지하기 위해서 주로 쇠 빗이나 알루미늄 빗을 사용하는 것이 좋으며 수염정리 작업시, 이물질이 붙지 않도록 청결에 각별히 유의한다.

(22) 핀셋(Tweezers)

붙이는 수염 캐릭터 메이크업에서 수염의 방향을 정리하고 양을 고르는데 사용하며, 라텍스 조각을 얼굴에 부착하고 난 후 섬세한 특수 작업에 쓰이는 도구이다.

(23) 스파츌라(Spatulas)

헤라라고도 부르며 쇠막대, 혹은 나무, 플라스틱 등으로 만들어진 제품들이 있다. 눈썹을 붙이거나 각종 조형작업시 긁고 자르고 바르는 등의 작업에 필수적인 도구이다.

(24) 알지네이트(Alginate)

암갈색 해초에서 추출하는 아교성 물질인 알긴 산(Alginic Acid)의 염제로 이

빨의 본을 뜰 때 사용하는 치과용 재료를 응용한 재료이다. 얼굴이나 이빨 몸통 등 인체를 복사하는 몰드 작업에 쓰이는 이 재료는 물과 혼합하여 사용하며 굳는데 소요되는 시각이 2~5분 정도로 그 속도가 빠르므로 필요할 때에는 차가운 물과 혼합하여 사용

하거나 지연제(Retarder)를 첨가하여 굳는 시간을 연장시킬 수 있다.

(25) 실리콘(Silicon)
석고 형틀 제작과 인공유방, 인공심장 등 모형 제작에 주로 쓰이는 재료로서 작업이 간편하고, 다른 재료와 달라 붙지 않아 분리시 용이하며, 틀을 만들기에 이상적인 재료이나 가격이 비싸다는 단점이 있다.

(26) 석고붕대(Plaster Bandage)
알지네이트 혹은 실리콘 등을 사용하여 본을 뜨거나 틀을 만들 때 표면에 발라 그 형태를 강하게 고정하기 위하여 사용하는 깁스 붕대이다.

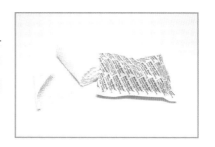

(27) 고착 스프레이(Fixative Spray)
캐릭터 메이크업 시의 흡착이나 바디 페인팅 시술 후 색을 고정시키는 용도로 사용하며, 필요한 부위에 뿌리면 얇은 막이 형성되어 시술 상태의 지속력을 높여 준다. 픽스 스프레이, 라스트 스프레이 등으로 제품화 되어 있으며 눈에 들어가지 않도록 주의하고 많은 양을 분사했을 경우에는 광택이 생길 수 있으므로 주의한다.

(28) 돈피션(Donpishan)
인조 속눈썹 접착 시에 사용되거나 얼굴주름 표현, 상처를 부착하거나 부착한 상처의 가장자리를 그라데이션 하는데 사용하는 재료이다. 장시간 개봉해 놓을 경우 굳는 경우가 있으므로 사용한 후 뚜껑을 닫아두어야 한다.

(29) 투스 에나멜(Tooth Enamel)
액체 상태의 유색 물질로 빨강, 브라운, 아이보리, 흰색의 칼라가 있으며, 치아

에 색을 입혀 치아가 빠지거나 니코틴이 낀 상태 등의 변색 효과를 표현할 때 사용하지만 장시간 지속되지 않고 색이 벗겨지는 단점이 있다. 제품을 충분히 흔들어 사용하고, 사용하고자 하는 부위의 수분을 충분히 제거하고 난후 바른다.

Point

인조 피를 제조할 때는...?

1. 인조피 제조에 필요한 재료로는 주재료인 물, 물엿, 붉은색 식용 색소와 색을 조절하기 위한 재료인 녹색의 식용 색소 또는 커피 가루가 필요하며, 커피 가루 대신 초콜릿 시럽을 이용하기도 한다.

2. 용도에 따라 피의 농도와 색상이 다르므로 확실한 비율을 수치로 기록할 수는 없으나 일반적인 비율은 1ℓ의 피를 만들고자 할 때, 물 1500~2000cc와 물엿 약 1kg, 붉은 식용색소 약 120g을 잘 섞고 저어가면서 원하는 농도가 될 때까지 가열한다(물엿의 양으로 농도를 조절할 수 있다).

3. 원하는 색상의 인조피를 만들기 위하여 여러 가지 다양한 재료를 첨가할 수 있다. 피를 흘리고 난 후 시간이 경과된 검붉은 색상의 인조 피를 만들려면 붉은색 식용 색소와 함께 녹색의 식용 색소 약 2g정도(인조피 1ℓ 기준)를 함께 혼합하면 죽은 피색에 가까운 검붉은색 표현이 가능하지만 색이 약간 분리되는 경향이 있다. 녹색의 식용 색소 대신에 커피를 사용하기도 하는데, 대략 머그잔 1컵 정도의 분량(인조피 1ℓ 기준)을 넣어주지만 필요에 따라 색상을 보면서 커피의 양을 조절하고 점도가 약간 걸쭉하게 졸인다.

4. 완성된 인조피는 식으면 그 농도와 색이 약간 짙어지므로 참고로 하여 제조한 후 완전히 식을 때까지 용기의 뚜껑을 열어놓고 식혀야 한다. 보관해두었다 사용할 경우에는 방부제가 들어있지 않아 쉽게 상할 수 있으므로 용기에 제조 년, 월, 일을 기재하여 찬 곳에 보관한다.

2 상처

상처에는 맞아서 생긴 멍이나 까지고 긁힌 상처, 칼에 베인 상처, 화상 등 그 종류가 여러 가지이며, 사실감 있는 표현을 위하여 상황을 고려한 적절한 재료 선택과 표현하고자 하는 상처에 대한 정확한 파악이 선행되어져야 한다.

(1) 멍 자국

멍 자국은 여러 가지 상처 중 가장 많이 쓰이는 기본적인 캐릭터 메이크업의 하나로서 어떤 방향에서 무엇으로 맞았는 지를 고려해야 하고, 시간의 경과에 따라 멍의 진행 과정을 달리 표현해주어야 한다. 주먹이나 기타 물건 및 심한 타격에 의한 멍 자국의 진행 과정을 살펴보면 물리적 타격을 받은 후, 약 30분이 경과되면 부어오르면서 붉은색을 띠다가 3~4일이 지나면 보라와 자주빛이 보이는 검푸른 색으로 보여진 후, 장시간 경과 시에는 연한 검은색에서 녹색과 노란색에 가까운 색을 띠면서 소멸한다.

그러므로 실제 멍 자국의 진행 과정을 잘 숙지하고 흐름에 맞추어 초반의 상태에서부터 소멸되어지는 순간까지 세심하게 주의를 기울여 시술에 임해야 할 것이다.

Point

멍 자국을 표현할 때는...?

1. 주먹으로 가격을 당한 경우 대다수의 사람이 오른 손잡이인 것을 감안하여 모델의 왼쪽 눈가나 왼쪽 입 가장자리에 멍자국을 만들어 주어야 한다.
2. 멍이 시작된 부분이 그 주변의 색보다 진하며 충격이 직접 닿은 부위를 중심으로 하여 그곳을 제외한 가장자리에 둥글거나 타원형의 멍 자국을 표현해주어야 한다(얼굴의 경우, 광대뼈의 제일 많이 튀어나온 부위와 눈썹뼈 부위가 충격에 직접 닿는 부위가 된다).
3. 멍 자국의 표현과 함께 피부가 벗겨지거나 긁히고 찢어진 표현을 함께 해주면 심하게 구타 당한 느낌의 상처 표현이 가능하다.

1) 멍 자국 표현 과정

① 붉은색 라이닝 컬러를 손가락에 묻혀 눈꼬리의 언더라인 부분과 아이－홀 부분을 두들기듯 얼룩지게 칠해준다(색 표현에 있어서 같은 색을 사용하더라도 색의 강약이 있어야 좀더 사실적이고 입체적으로 보이며, 멍 자국의 가장자리 주변은 경계선이 생기지 않도록 그라데이션 해주어야 자연스럽게 연출되어진다).

② 충격이 직접 닿는 부위인 눈썹뼈와 광대뼈 부위를 제외하고 눈썹뼈와 광대뼈의 모양을 따라 타원형을 그리며 붉은색 라이닝 컬러를 칠해준다.

③ 광대뼈와 눈썹뼈의 가장 돌출된 부위와 동공 부위는 부어 오른 효과를 주기 위하여 하이라이트 처리해준다.

④ 기본적인 표현이 마무리 되었으면 좀 더 사실적인 효과 표현을 위해서 멍이 시작되는 부분이며 가장 심하게 멍이 들어 보이는 중심 부분에 청색을 덧발라 자주색 빛이 도는 보라색을 띠도록 해준다. 이 작업을 생략할 경우에는 실제 표현과는 다르게 사진이나 영상에서 붉게만 보여지므로 사실감이 다소 떨어질 수 있다.

⑤ 심하게 구타 당한 표현을 하고자 할 때에는 멍 자국 위에 긁힌 자국이나 까진 상처 등을 가미하여 연출해준다.

(2) 피부가 벗겨진 상처

피부가 벗겨진 상처에는 여러 가지 원인에 따르는 다양한 표현 방법이 있다. 입술이 트고 벗겨진 표현이나 무릎 부상 등의 찰과상에는 주로 라텍스를 이용한 캐릭터 메이크업이 많이 사용되고 있다. 가벼운 찰과상으로 인해 피부가 벗겨졌을 경우, 대략 10분 이내로 피부 표면에 혈액이 엉겨 굳으면서 피가 멈추고 시간이 지나면서 피딱지가 생기게 되므로 시간의 경과에 따르는 표현의 강약에 주의하여야 한다.

1) 피부가 벗겨진 상처의 표현 과정
　① 상처를 표현하고자 하는 부위에 원하는 크기 만큼의 모양을 잡아 라텍스를 발라준다.
　② 라텍스가 건조되기 시작하면 스파츌라 또는 손가락을 이용하여 상처의 중심에서 가장자리 방향으로 밀어내면서 피부가 벗겨진 듯이 라텍스를 벗겨낸다.
　③ 벗겨낸 라텍스 안쪽에 붉은 밤색 라이닝 칼라를 사용하여 입체감을 준다.
　④ 좀 더 사실적인 표현을 위해서 상처 안쪽에 액체 피를 발라준다.

2) 상처 위에 엉겨 붙은 피 딱지 표현
　① 빠르고 손 쉬운 방법으로는 픽스 블러드를 사용하는 방법이 있다. 픽스 블러드는 건조가 빠르기 때문에 피딱지 표현에 효과적이다.
　② 상처 위에 듀오 풀이나 스피리트 검을 사용하여 과자 부스러기를 묻힌 다음, 위와 같은 방법으로 칼라링하고 된 피를 바르는 방법이 있다.
　③ 표현하고자 하는 상처 부위에 적당량의 라텍스를 바른 후, 굳기 시작하면 손가락으로 두드리듯 피딱지의 질감을 내주고 칼라링 한 후에 액체 피를 바르는 방법이 있다.

3) 상처 후 흉터 자국 표현
　깊이 패인 상처 후 흉터를 표현하는 방법으로는 콜로디온을 사용하여 피부가 수축 굴절되어 보이게 효과를 주는 방법이 있으나 콜로디온은 독성이 강하므로 예민한 피부에는 주의하여 사용하여야 한다.

(3) 피부가 긁힌 상처
긁힌 상처 표현은 교통사고나 넘어져서 생긴 상처 혹은 벽에 얼굴이 긁힌 상처의 표현에 주로 쓰여지는 캐릭터 메이크업이다. 짧은 시간안에 순간적으로 촬영을 할 경우에는 블랙 스펀지를 이용하여 간단하게 표현할 수 있지만, 장시간 촬영 시에는 라텍스를 이용하여 표현해주어야 상처가 오래 유지될 수 있다. 라텍스 대신 듀오풀로도 표현이 가능하다.

1) 긁힌 상처 표현 과정 A

① 블랙 스펀지의 모서리 부분에 된 피 또는 붉은색 라이닝 칼라를 묻힌다.
② 표현하고자 하는 부위에 속도감을 주면서 스치듯 지나간다.
③ 얇은 붓으로 긁힌 상처 부위에 정교하게 액체 피를 묻혀주어 피가 배어 나오는 듯한 사실적인 효과를 내준다. 이때 실에 액체 피를 묻혀 찍어 주면 보다 쉽게 표현할 수 있다.

2) 긁힌 상처 표현 과정 B

① 표현하고자 하는 부위에 라텍스를 바른다.
② 라텍스가 굳기 시작하면 블랙 스펀지의 모서리 부분으로 속도감 있게 스치듯 지나가면서 긁힌 상처 자국을 내준다.
③ 상처 자국 위에 붉은색 라이닝 칼라나 된 피를 사용하여 채색한다.
④ 액체 피를 사용하여 위와 같은 방법으로 피가 배어 나오는 듯한 효과를 내준다.

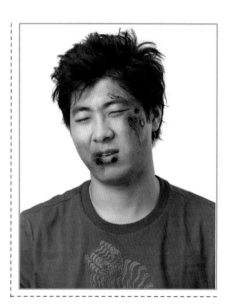

(4) 칼에 베인 상처

칼에 베인 상처 표현은 동맥 절단이나 목을 칼로 벤 효과 또는 깊이 패인 상처 등을 표현할 때 주로 사용한다. 일반적으로 왁스류의 재료를 사용하여 입체적으로 표현하지만 왁스는 열에 약하므로 실내온도, 조명, 피부 온도 등에 의해서나 접촉에 의해서 그 형태가 쉽게 변형되어질 수 있다. 그러므로 장시간 사용해야 할 경우나 반복해서 상처를 표현해야 하는 경우에는 스페셜 이펙트 메이크업 기법을 사용한 폼 응용물을 사용하여 인조 피부를 만들어 부착하는 방법이 보다 효과적일 수 있다. 여기서는 일반적으로 사용되어지는 왁스를 이용한 상처 분장에 대해 알아보기로 한다.

왁스를 이용한 칼에 베인 상처를 표현할 때는...?

1. 왁스를 이용하여 칼에 베인 상처를 입체적으로 표현할 경우, 피부와 왁스의 경계선이 보이지 않도록 각별히 주의하여야 한다.
2. 왁스를 사용한 경우에는 근육이 많이 움직이지 않는 신체 부위를 설정하는 것이 좋으며, 동맥 절단과 같은 움직임이 많은 관절 부위에 칼에 베인 상처 표현을 했을 경우에는 연기자에게 상처를 표현한 형태가 변형되거나 떨어지지 않도록 주의시켜야 한다.
3. 칼에 베인 상처의 형태는 일반적으로 칼이 들어갈 때와 빠져 나올 때의 양끝이 날카롭게 표현되어져야 하고, 가운데는 힘이 들어가 벌어지므로 굵고 넓게 벌어지도록 표현해주어야 한다.

1) 칼에 베인 상처 표현 과정

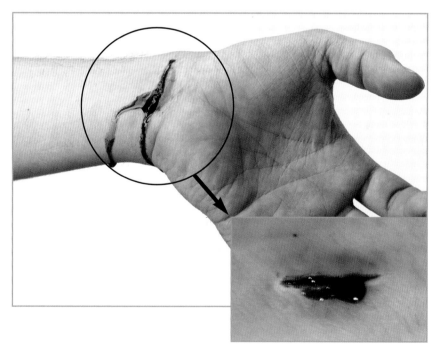

① 원하는 상처의 크기에 맞게 왁
   스를 덜어서 손가락으로 주무르며 상처의 형태를 만든다. 가운데는 넓고 두껍게, 양 끝으로 갈수록 가늘게 형태를 잡는다.

② 상처를 표현할 설정 부위에 스피리트 검을 바른 후 상처 형태의 왁스를 붙인다.

③ 스파츌라를 이용하여 상처의 형태를 정확한 형태로 만들어가면서 피부와 경계선이 생기지 않도록 자연스럽게 눌러 펴준다.

④ 왁스의 가장자리 경계선과 표면을 매끄럽게 만들기 위해서 오일 베이스를 사용하여 살살 문질러 면을 고르게 해주고 파우더 처리를 해준다.

⑤ 왁스의 형태를 유지시키고, 상처난 피부 표면을 만들어 주기 위해서 실러나 액체 라텍스를 상처 위에 엷게 고루 펴 바른다.

⑥ 라텍스가 마르고 난 후 파우더로 처리하고 T.P.M 이나 R.M.G를 이용하여 피부색과 유사하게 채색하여 준다.

⑦ 스파츌라를 이용하여 칼에 베인 상처 자국을 내준다. 양 끝은 날카롭게, 가운데는 굵게 양 옆으로 벌려 상처의 크기를 만들어 준다.

⑧ 상처 안쪽은 검정색 라이닝 컬러로 먼저 명암을 표현한 다음 붉은색 라이닝 컬러를 주변에 칠하여 입체감 있게 표현해준다.

⑨ 사실적인 표현 효과를 위하여 상처 안쪽에 액체 피를 발라준다(죽은 시체의 상처 표현일 경우에는 점도가 높은 된 피를 바르고 그 주변으로 픽스 블러드를 발라주어 출혈 후 시간이 경과했음을 표현해준다).

(5) 화상

화상은 손상된 피부 조직의 깊이에 따라 1도, 2도, 3도 화상으로 구분되어진다. 일반적으로 1도 화상은 태양 광선에 피부가 장시간 노출되어졌거나 뜨거운 물에 순간적으로 접촉한 경우에 발생하며, 환부는 부종과 함께 벌겋게 부어 올라오는 정도이다. 2도 화상의 경우에는 피부의 상피층과 진피층의 일부를 포함하는 손상으로서, 환부는 벌겋게 발적 현상을 보이며 수포가 형성되고 출혈을 동반할 수도 있다. 3도 화상은 피부 전층이 손상 받은 경우로서 환부는 주위 조직보다 오히려 가라앉은 듯이 보이며, 심한 경우에는 피부의 전층과 함께 피하의 근육, 힘줄, 신경 조직까지 손상되어진다.

화상은 3도 부위로 설정된 주변에 2도와 1도를 점차적으로 표현해야 하는데 약간 데인 정도의 1도 화상 표현의 경우, 붉은색의 라이닝 컬러와 블랙 스펀지만으로도 표현이 가능하고, 이보다 정도가 심한 화상의 경우에는 액체 라텍스를 사용하거나 젤라틴 또는 오브라이트를 이용하여 다양하게 표현할 수 있으다. 또한 솜과 휴지, 글리세린 등의 부재료를 활용하여 질감 표현의 시각적 효과를 상승시킬 수 있다. 화상의 다양한 표현 방법 중에서 똑 같은 형태의 화상을 연속적으로 표현할 수 있는 젤라틴을 이용한 화상의 표현 방법을 알아보면 다음과 같다.

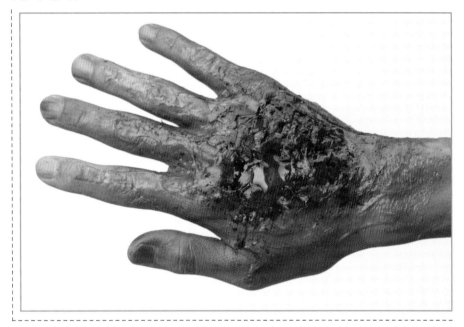

1) 젤라틴을 이용한 3도 화상 표현 과정
① 화상 부위의 크기와 모양을 고려하여 상처 부위에 스피리트 검을 바른다.
② 스피리트 검을 바른 위에, 솜을 불규칙하게 붙였다가 떼어내어 화상부위의 피부 질감을 만들어 준다.
③ 스킨젤(Skin Gel) 제조하기 : 상처 크기에 적당한 양 만큼의 젤라틴 가루를 종이컵에 넣고 따뜻한 물과 섞어가며 젤 정도의 점도가 되도록 저어준 다음, 액체 피나 붉은 염료를 섞어주어 상처의 컬러에 맞는 스킨젤을 완성한다.
④ 제조한 스킨젤을 피부에 바르기 적당한 따뜻한 온도로 식힌 다음, 스파츌라를 사용하여 불규칙하게 일그러진 피부 표현을 해준다. 스킨젤이 굳는 속도에 맞추어 화상 표현의 진행이 신속하게 이루어져야 하며, 스킨젤을 바를 때 가장자리 끝(에지=edge)부분은 얇게 발라주어 피부와의 경계선이 표시나지 않도록 주의해야 한다. 상품화 되어있는 스킨젤을 사용할 경우, 냄비에 중탕시켜 녹이거나 전자레인지에 녹여 피부에 바르기 적당한 온도로 식힌 다음, 같은 방법으로 불규칙하게 일그러

진 피부를 표현해준다.

⑤ 도포된 스킨젤이 완전히 굳으면 그 위에 글리세린이나 캐스트로 오일 (Castro Oil)을 발라준다.

⑥ 글리세린을 바른 위에 티슈를 얇게 분리하여 덮은 다음, 핀셋을 사용하여 상처 가장자리 바깥쪽의 티슈를 조심스럽게 뜯어내어 제거한다.

⑦ 덮여져 있는 티슈 위에 스폰지를 사용하여 두드리듯이 라텍스를 발라준다. 이때 상처의 가장자리 끝(에지=edge)부분은 최대한 얇게 바른다.

⑧ 헤어 드라이기의 찬바람을 이용하여 라텍스를 건조시킨 다음, 파우더 처리한다.

⑨ 이와 같은 방법으로 3회 반복하여 라텍스를 발라준다.

⑩ 라텍스가 완전히 건조되었으면 상처 부위에 붉은색 라이닝 컬러를 붓이나 손가락 등에 묻혀 화상 피부의 색감을 표현해준다. 3도 화상 부위는 일그러진 피부 질감을 그대로 살려주면서 입체적으로 채색하고, 3도 화상의 주변에도 점차적으로 엷어지게 그라데이션시키면서 2도와 1도 화상 부위의 색감을 표현해준다.

⑪ 검붉은 색의 라이닝 컬러를 작은 브러시에 묻혀 3도 화상 부위의 입체감을 살려준다.

⑫ 2도 화상 부위에 튜플라스트를 사용하여 군데군데 수포를 표현해준다. 튜플라스트를 2도 화상 부위의 피부에 직접 대고 짜면서 빙빙 돌려 끊어 준 다음, 수포 위에 라텍스를 덧바른다. 라텍스가 적당히 건조되기 시작하면 핀셋을 이용하여 수포 가운데 부분을 찢듯이 벌려 놓아 수포가 터진 상태를 연출해준다.

⑬ 수포 부위의 주변이나 1도 화상 부위에 적당한 크기로 모양을 잡아 라텍스를 군데군데 바른 다음, 라텍스가 건조되기 시작하면 스파츌라 또는 손가락을 이용하여 중심에서 가장자리 방향으로 밀어내어 화상으로 인해 피부의 표피가 벗겨진 상태를 연출한다.

⑭ 화상으로 벗겨진 피부 표현 경계선 안쪽과 화상 부위에 검붉은 색의 라이닝 컬러를 발라주어 입체적인 느낌을 살려준다.

⑮ 스킨젤을 이용하여 화상 표현한 일그러진 피부 표현이 드러날 수 있도록 3도 화상 부위에 덮여 있었던 티슈를 핀셋으로 찢고 벌리면서 불규칙하게 뜯어낸다. 3도 화상 가장자리 부위에 타고 남은 피부의 표피 조직이 너덜너덜하게 붙어있는 것처럼 보이도록 연출해준다.

⑯ 너덜너덜하게 남아있는 피부의 표피 조직에 검붉은색 라이닝 칼라를 사용하여 채색한다. 입체감을 주기 위한 하이라이트 부분을 군데군데 조금씩 남겨둔다.

⑰ 검정색 라이닝 컬러를 사용하여 3도 화상 가장자리 경계선의 안쪽과 들어가 있는 상처 부위에 음영을 주어 입체감과 사실감을 표현해준다. 불에 그을린 효과를 표현하고자 할 경우에는 검정색 라이닝 컬러나 검정색 섀도우를 사용하여 튀어나온 부위에 가볍게 바른다.

⑱ 상처 위의 진물 효과를 표현하기 위해서 글리세린을 손가락에 묻혀 화상 부위에 덧발라 준다.

⑲ 진물효과 위에 액체 피를 군데군데 묻혀 피가 베어 나오는듯한 표현을 해준다. 피부가 벗겨진 부위 안쪽과 수포 위에도 소량의 액체 피를 발라주어 피가 살짝 고여있는 듯한 표현을 해준다.

⑳ 화이트 옐로우 칼라(하이라이트)를 붓에 묻힌 다음, 돌출된 부위에 발라주어 입체감과 사실감의 효과를 높여준다.

3 대머리 (Bald Head) 효과 캐릭터 메이크업

머리를 깎지 않고도 실제와 같은 정교한 대머리를 표현하기 위한 분장으로, 이러한 연출을 위해서는 우선적으로 볼드 캡(Bald Cab)이 필요하며 볼드 캡 제작 시 액체 라텍스를 사용하거나 액체 플라스틱(Glatzan-상표명) 등을 사용하여 제작할 수 있다.

대머리 효과를 내기 위해 가장 좋은 것은 핫폼으로 제작된 볼드 캡이지만 본인 스스로 제작할 경우 많은 시간과 비용이 소모된다. 액체 플라스틱으로 제작된 볼드 캡의 경우에는 라텍스로 만든 볼드 캡에 비해서 신축성이 좋고 얇기 때문에 헤어 라인의 경계가 자연스럽게 표현되므로 비교적 정교한 작업에 적합하지만, 라텍스 볼드 캡에 비해서 가격이 비싸고 강도가 약하여 한 번밖에 사용하지 못한다는 단점이 있다.

(1) 볼드 캡 제작

볼드 캡 제작을 위한 재료로는 액체 라텍스 또는 액체 플라스틱 등이 있다. 각각의 재료들은 그 질감과 사용되어지는 적합한 용도에 따라 차이가 있으므로 상황에 맞는 재료를 선택하여 제작한다. 핫폼 볼드 캡에 비하여 제작이 간단한 액체 라텍스와 액체 플라스틱 중에서 액체 플라스틱을 사용한 볼드 캡 제작과정을 설명하면 다음과 같다.

1) 준비물

글라짠, 희석제(Mek 또는 아세톤), 브러시, 종이컵, 드라이기, 파우더, 분첩, 머리 모형

2) 머리 모형

볼드 캡을 제작하기 위한 머리 모형의 종류에는 플라스틱 모형, 도자기 모형, 알루미늄 모형 등 그 종류가 다양하다. 플라스틱 모형의 경우, 값이 비교적 저렴하고 다루기 쉬워 널리 사용되어지고 있으나 플라스틱 모형은 간혹 가운데 부분에 이음세가 있으므로 사포로 문질러 요철 부분을 없애고 매끈하게 만든 다음에 사용한다. 이때 필요한 부분만 조심스럽게 문지르고 표면을 매끄럽게 해주어야 머리 모형에서 볼드 캡을 분리할 때 달라붙지 않는다. 또한 도자기 모형은 표면이 매끄러워 사용하기에 가장 좋으나 깨지기가 쉽고 가격이 비싸다. 이에 비하여 알루미늄 모형은 영구적이지만 볼드 캡을 벗기기가 어렵다는 단점이 있다. 각각의 특성을 파악하여 본인에게 적합한 머리 모형을 준비한다.

3) 머리 모형에 얼굴 윤곽선 그리기

적당한 농도의 글라짠을 머리 모형에 바르기 전에 얼굴 라인의 위치를 머리 모형에 먼저 그려준다. 이때 볼드 캡을 두상에 고정시키기 위한 여유 부분(약 2~3cm 정도의 여유분)을 헤어 라인에서 얼굴 안쪽으로 충분히 고려하여 그려주어야 하며, 모델에게 푹 뒤집어 씌어질 정도로 얼굴 윤곽선을 작게 그려야 한다. 이러한 2~3cm 정도의 여유분은 피부에 닿는 부분이고, 그 경계가 표시나지 않도록 하기 위하여 글라짠 용액을 최대한 얇게 발라 주어야 하는 주의가 필요하다.

4) 글라짠 용액 바르기

① 글라짠 용액은 원액 그 자체로도 사용이 가능하지만 바르기 쉬운 적당한 농도로 아세톤과 희석시켜 사용하면 보다 편리하게 바를 수 있다.

② 적당한 농도로 희석시킨 글라짠을 붓에 흐르지 않도록 묻히고, 플라스틱 머리 모형을 거꾸로 든 후 가장자리(목 부분)에서 정수리 방향으로

쓸어 내리듯 빙 둘러 발라주면 보다 빠르게 바를 수 있다.

③ 플라스틱 머리 모형을 바로하고 정수리 부분을 꼼꼼히 발라준다.

④ 시간을 절약하기 위해서 드라이의 찬바람을 쐬어 말려준다.

⑤ 마르고 난 후 분첩을 이용하여 파우더를 바른다.

⑥ 얼굴에 접착되는 경계부분의 2~3cm는 1~2회, 나머지 부분은 위와 같은 방법으로 원하는 두께만큼 4~6회 반복하여 덧바른다.

⑦ 완전히 마르고 난 후 충분한 양의 파우더를 발라준다.

5) 볼드 캡 분리하기

① 목 뒤 가장자리 부분부터 머리 모형에서 볼드 캡을 분리하기 시작하는데 분리된 안쪽면이 서로 달라붙지 않도록 안쪽에 브러시나 퍼프를 사용하여 파우더를 묻혀 가면서 늘어나지 않도록 조심스럽게 왼쪽, 오른쪽, 중앙을 번갈아 가며 분리한다.

② 마지막으로 앞이마 부분을 분리할 때는 절대 서두르지 말고 가장자리가 늘어나지 않도록 특히 조심스럽게 작업해야 한다.

③ 분리된 볼드 캡의 안쪽과 바깥쪽에 다시 한번 파우더를 발라준다.

④ 제작한 볼드 캡을 머리모형에 다시 씌워두어 구겨지지 않게 보관한다.

|||▶ 볼드 캡 제작 순서

① 플라스틱 머리 모형

② 머리 모형에 얼굴 윤곽선 그리기

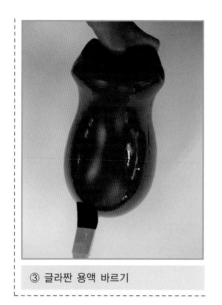

③ 글라짠 용액 바르기

④ 헤어 드라이기로 말리기

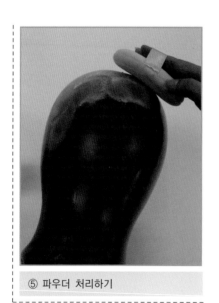

⑤ 파우더 처리하기

⑥ 볼드캡 분리 과정1

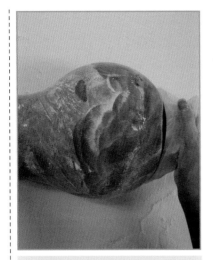

⑦ 볼드캡 분리 과정2

⑧ 볼드캡 보관하기

(2) 볼드 캡 착용

① 헤어 젤이나 무스, 스프레이 등을 사용하여 모델의 머리카락을 편편하고 엉킴이 없이 두상에 붙여 고정시킨다.

② 접착력과 지속력을 높이기 위해서 탈지면에 알코올이나 스킨을 묻혀 피부 접착 부분의 유분기를 완전히 제거해준다.

③ 모델이 볼드 캡의 앞이마 부분을 얼굴 아래쪽으로 살짝 당기고 있는 상태에서 목덜미의 양 끝부분을 잡고 씌운 후 두상에 맞게 잘 씌워졌는지 확인한다. 모델의 두상에 잘 맞고 2~3cm의 여유분이 헤어라인을 따라 잘 맞춰져 있으면 생략하여도 좋은 과정이나 만약 그렇지 않다면 볼드 캡을 접착시키기 전에 콤비 펜슬로 라인을 표시하여 잘라낸다. 이때 귀 부위는 귀바퀴 안쪽의 약 1cm 부분을 잘라야 한다. 또한 모델에게 볼드 캡을 씌운 상태에서 잘라 낼 경우 모델이 공포심을 느낄 수 있으므로 미리 씌워 본 후 콤비 펜슬로 재단하고 벗겨서 잘라내는 방법도 가능하다.

④ 두상에 잘 맞게 씌워졌으면 이마 중앙부분에 스피리트 검을 이용하여 붙인다. 접착 부위의 라인에 스피리트 검을 정확히 칠하기 위해서는 볼드 캡과 피부의 경계선에 밝은 색 파우더를 묻힌 후, 살짝 들춰내서 표시된 라인을 따라 스피리트 검을 발라주면 깨끗이 마무리 할 수 있다.

⑤ 모델이 고개를 45도 정도 뒤로 젖힌 상태에서 볼드 캡을 직각으로 당겨 내리면서 뒷목부분에 접착시킨다. 볼드 캡이 주름없이 두피에 잘 밀착되기 위

해서는 완전히 붙을 때까지 목을 젖힌 상태로 있어야 한다.

⑥ 볼드 캡의 재단과 커트가 앞 단계에서 생략되어졌다면, 앞이마와 뒷목덜미가 고정된 상태에서 볼드 캡의 귀 부위를 위와 같은 방법으로 재단하여 잘라내고 나머지 불필요한 부분도 접착 부위의 여유분을 고려하여 라인을 따라 잘라낸다.

⑦ 볼드 캡에서 귀를 빼내고 양측면의 귀 앞쪽 부분을 붙여 주는데, 정면에서 볼 때 볼드 캡 경계선이 얼굴 부위로 나오지 않도록 얼굴의 앞쪽 방향이 아닌 귀쪽 방향으로 당겨서 붙여주어야 한다.

⑧ 이마 중앙부분과 귀부분을 연결하여 붙인다(왼쪽, 오른쪽).

⑨ 귀에서 뒤 목덜미를 연결하여 붙인다(왼쪽, 오른쪽).

⑩ 볼드 캡의 끝부분을 다시 깔끔하게 커트하여 정리해준다.

⑪ 실러를 이용하여 가장자리 에지부분의 경계선을 피부와 자연스럽게 그라데이션시켜주거나 볼드 캡의 경계선이 표시나지 않도록 면봉에 아세톤을 묻혀 가장자리의 에지부분을 녹여준다.

(3) 볼드 캡 채색 과정

① 볼드 캡에 채색을 용이하게 하고, 피부의 질감을 표현하기 위해서 스펀지를 사용하여 라텍스를 두드리듯 발라준다. 먼저 얼굴 라인의 경계선을 빙 둘러 가며 얇게 발라주고 마르고 난 후 파우더로 처리한다. 페이스 라인을 제외한 볼드 캡 전체부분을 위와 같은 방법으로 3번 정도 발라준다.

② 특수 채색용 T.P.M이나 R.M.G를 사용하여 얼굴의 기본 칼라에 맞게 스펀지에 묻혀 볼드 캡에 두들기며 바른 다음, 귀와 목부분을 포함한 얼굴 전체에 바르고 충분하게 파우더로 처리한다.

③ 머리카락 자국을 표현하기 위해서는 대머리 부분에 라이닝 컬러를 사용하여 블랙 스펀지로 점각한다.

4 수염 캐릭터 메이크업

수염 표현은 인물의 성격, 사회적 환경, 시대, 신분, 연령, 계급, 국적 등을 표현하는데 있어서 매우 중요한 표현 수단이다. 그러므로 등장인물의 캐릭터를 정확히 분석하여 이미지에 맞는 수염 형태와 색상, 숱 등을 면밀히 검토하여 디자인해야 하고 시대극의 경우에는 정확한 고증이 중요하다고 하겠다.

수염 캐릭터 메이크업의 기술적인 표현 방법으로는 라이닝 컬러나 도란을 사용하여 피부에 직접 그려주는 방법과 면도 후 1~2일이 경과된 수염의 경우, 블랙 스펀지를 사용하여 찍어서 표현해주는 방법이 있다. 또한 생사, 인조사, 크레이프 울 등을 이용하여 피부에 직접 부착시키는 방법이 있고, 인조사나 생사 등을 망에 매듭지어 뜬 수염을 피부에 붙이는 방법과 스타킹 또는 라텍스로 만든 표피에 수염을 붙여 피부에 부착하는 방법 등 여러 가지 다양한 표현 방법들로 분류되어질 수 있다.

이러한 기술적인 방법들은 전달매체의 종류와 성격에 적합하게 활용되어져야 하며 메이크업 아티스트는 능률성과 효율성을 충분히 고려하여 효과적인 표현 방법을 선택해야 할 것이다. 또한, 메이크업 아티스트들마다 그 방법이나 기법들을 조금씩 달리하고 있으므로 정석적인 방법을 정의할 수는 없으며, 가장 기본이 되는 방법을 습득하고 이를 응용하여 좀더 효과적인 방법을 개발하여야 할 것이다.

(1) 수염 재료의 종류

수염 재료의 종류에는 생사(Raw Silk)와 나일론사(Nylon Thread) 그리고 크레이프 울(Crape Wool)이 있다. 화학소재로 만들어진 나일론사의 경우에는 주로 가발 제작이나 망수염 제작 시에 사용되는데 결에 따라 여러 가지 굵기와 다양한 색상의 제품들이 있으므로 용도에 따라 선택하여 사용한다. 또한 생사와 혼합하여 보다 효과적으로 사용할 수 있다. 일반적인 수염 부착 시에는 21데니어(Denier)의 굵기 정도가 적당하다. 생사는 누에고치에서 나온 비단 실로서 흰색과 검정색의 제품이 있다. 필요에 따라 흰색의 생사를 원하는 칼라로 염색하여 사용할 수 있으며 습기에 약하고 윤기가 없기 때문에 이를 보완할 수 있는 나일론사와 주로 혼합하여 사용한다. 양털을 꼬아 놓은 크레이프 울의 경우에는 생사에 비해 올의 굵기가 가늘고 웨이브가 있어 서양인의 수염 표현에 적당하다. 생사와 같이 다양한 색상으로 염색하여 사용할 수 있다.

(2) 생사를 염색하는 방법

① 필요한 양 만큼의 생사를 준비한다.

② 정련과정 : 생사에 섞여있는 불순물이나 가공액을 제거하기 위하여 미지근한 물에 1~3시간 정도 담근 다음 깨끗이 헹구어 내어 염색이 깨끗하게 될 수 있도록 해준다.

③ 생사가 충분히 담길 정도의 그릇에 생사 무게의 약 30~50배의 물을 담아 끓인다.

④ 물을 끓이는 동안 비이커에 따뜻한 물을 담고 염료를 풀어 덩어리가 남지 않도록 충분히 저어준다. 생사는 동물성 단백질 성분이므로 산성 염료를 사용해야 하며, 제조사에 따라 염액을 만들 때 염료와 물의 비율이 다를 수 있으므로 구입시 정확한 방법을 확인하는 것이 필요하다.

⑤ 끓는 물에 준비된 염액을 넣고 불을 줄여 생사에 염료가 잘 고착되어지는 온도(약 60~80℃)를 유지한다.

⑥ 소량의 생사를 넣어 색상을 테스트해본다.

⑦ 물에 젖은 생사를 위의 염액에 20~30분간 담근다. 마른 생사를 바로 염액에 넣으면 얼룩이 생길 수 있고, 염액 위로 생사가 뜨면 염색이 되지 않으므로 주의하여야 하며 염색과정에서 생사를 염액에 담그는 시간을 조절하면 색의 농담을 조절할 수 있다.

⑧ 생사에 염료가 잘 결합되어질 수 있도록 염액에 촉염제인 초산을 4회에 나누어 조금씩 넣어준다.

⑨ 견뢰도(堅牢度)를 상승시키기 위해서 물의 온도를 90℃까지 증열한 다음 건져낸다.

⑩ 원하는 색상의 염색이 완료되었으면 염료가 빠지지 않을 때까지 미지근한 물에 충분히 헹구고 통풍이 잘되는 그늘에 널어 말린다.

(3) 생사를 정리하는 방법

① 타래 모양의 생사를 고무 밴드를 이용하여 단단히 묶어 고정한 다음, 고무 밴드로 묶여진 부분의 약 2cm 떨어진 곳을 가위로 자른다. 묶여진 쪽의 생사를 왼손으로 틀어 잡아 고정하고, 반대쪽 생사의 끝부분부터 조심스럽게 빗질한다. 이때 정전기를 방지하기 위해서 쇠 브러시를 사용한다.

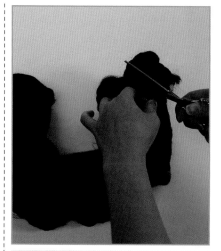

① 생사 끝을 고무 밴드로 묶은 다음 가위로 자른다.

①-1 쇠브러시로 브러싱 한다.

② 빗질이 끝난 생사를 가지런히 정리하여 대략 12cm 정도의 길이로 커트한다. 12cm는 커트용 가위의 길이이며, 모든 종류의 수염모는 같은 길이로 통일시켜 정리해 놓아야 용이하다.

③ 커트가 된 생사를 한올 한올 풀어준다.

② 12cm 정도 길이로 자른다.

③ 생사를 한올 한올 풀어준다.

④ 풀어놓은 생사를 양손으로 비비면서 원하는 정도로 부드럽게 만들어 준다.

④ 생사를 양손으로 비빈다.

⑤ 생사를 같은 길이로 맞추어 정리한다. 양 끝을 잡고 당기면서 분리하고 다시 합치는 과정을 반복하면서 정리하는데, 이 과정을 생사를 '친다'라고 표현한다. 정리가 된 생사는 처음 길이보다 0.5~1cm 정도 길어진다.

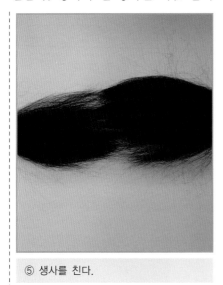
⑤ 생사를 친다.

⑥ 수염 양끝을 번갈아 틀어 잡으면서 틀어 잡은 반대쪽 수염을 엉키거나 뭉친 올이 없도록 쇠 빗으로 빗질하여 놓는다.

⑦ 정리가 끝난 수염은 수염의 형태에 따라 여러 가지 길이로 커트하여 사용할 수 있으며, 종이박스 등에 가지런히 넣어 흐트러지지 않게 보관하여야 한다.

⑥ 쇠 빗으로 빗는다.

⑦ 가지런히 보관한다.

(4) 인조사를 정리하는 방법

① 등장인물의 캐릭터에 맞는 수염의 컬러와 굵기, 웨이브를 결정하여 이에 적당한 인조사를 선택한다. 직모의 경우에는 인조사를 땋고 물을 뿌려 전자레인지에 2~5분 정도 가열하는 과정을 통해서 원하는 웨이브를 만들어 사용할 수 있으며, 땋은 양의 굵고 가늘기에 따라 웨이브의 크기를 조절할 수 있다. 인조사의 경우에는 열에 약하므로 장시간 가열시 인조사가 탈 수 있으므로 주의하여야 한다.

② 인조사를 대략 12cm 정도의 길이로 커트한다. 생사와 혼합하여 사용할 경우를 고려하여 생사의 기본 길이와 같은 길이로 정리해 놓는 것이 좋다.

③ 한올 한올 풀어놓고 양손으로 비비면서 원하는 웨이브 정도로 조절한다. 인조사는 뻣뻣하여 붙이기가 다소 어려우므로 여러 번 비벼서 부드럽게 만들어 놓는 것이 좋다.

④ 생사를 정리할 때와 같은 방법으로 길이를 맞추어 정리한다.

⑤ 같은 길이로 정리된 인조사를 생사 정리할 때와 같은 방법으로 쇠 빗을 사용하여 여러 번 빗질한다.

⑥ 흐트러지거나 엉키지 않도록 박스에 넣어 보관한다.

(5) 수염모의 혼합 사용시 유의할 점

생사와 인조사를 혼합하여 사용할 경우에는 정리가 되어진 생사와 인조사의 길이가 같아야 하며, 웨이브의 정도가 비슷해야 하고, 원하는 강도의 정도에 따라 인조사와 생사의 비율을 조절하여 사용하여야 한다. 생사에 비해 인조사의 강도가 높으므로 인조사의 양이 많을수록 강도가 높은 수염이 된다. 또한 반백 수염의 경우, 흰 수염과 검정 수염의 비율에 따라 원하는 희끗희끗한 수염의 색상을 조절할 수 있으며, 흰 수염과 검정 수염을 섞어서 사용할 경우 같은 색상끼리 뭉쳐있지 않도록 고루 잘 섞도록 해야 한다.

(6) 수염 캐릭터 메이크업의 종류

1) 점각 수염

블랙 스펀지와 라이닝 컬러 또는 검정 도란(검정 헤어 티크)을 사용하여 면도한 후 약1~2일이 경과된 수염 자국을 표현하는 방법이다. 표현 방법이 쉽고 간단하지만 일단 점각하여 표현하고 나면 수정이 어려우므로 신중하게 시술하여야 한다. 눈에 띄는 큰 점이 생기지 않도록 각별히 주의하고, 연기자의 부주의로 쉽게 뭉개질 수 있으므로 주의하여야만 한다.

◆ 표현 기법

① 블랙 스펀지에 검정 도란이나 검정 라이닝 컬러를 묻힌 다음, 손등에서 적당량을 조절하여 턱 중앙부터 뭉친부분이 생기지 않도록 주의하며 찍어준다.

② 턱 중앙을 기준으로 하여 좌·우가 대칭이 되도록 주의하며 수염의 형태를 표현해나간다. 수염의 강·약을 조절하여 표현하고, 수염의 가장자리 경계부분은 자연스럽게 그라데이션 시킨다.

③ 턱수염이 완성되면 블랙 스펀지의 모서리 부분을 이용하여 입술

끝에서 인중 방향으로 좌우대칭을 맞춰가며 콧수염을 표현해준다.

④ 점각한 수염자국이 덜 뭉개질 수 있도록 적당량의 파우더를 퍼프에 묻혀 조심스럽게 살짝 눌러준다.

2) 망수염

망수염이란 연기자의 얼굴형에 맞추어 본을 뜬 다음, 망에 한올한올 매듭 지어 가발식으로 제작한 수염으로서 동일한 형태를 유지하면서 연속적으로 사용이 가능하고, 시간을 단축시킬 수 있지만 가장자리의 경계선이 표시나지 않도록 하기 위하여 수염을 덧붙이는 매우 정교한 마무리 작업 과정을 필요로 한다.

◆ 망수염 제작 방법

① 투명 비닐이나 투사지를 연기자의 수염 표현 부위에 대고 캐릭터에 맞추어 미리 구상해 놓은 수염의 윤곽선을 스케치한다.

② 스케치한 수염 형태(Pattern) 그대로 종이 위에 그린 다음 모양을 따라 자르고 수염 틀에 고정시킨다.

③ 고정시킨 종이 위에 스킨망을 놓고 핀으로 고정시킨다.

④ 가발제작용 바늘을 이용하여 수염을 붙이는 순서대로 스킨망에 매듭을 짓는다.

⑤ 헤어 드라이와 빗을 이용하여 원하는 수염의 형태로 정리한다.

⑥ 정리된 수염의 형태를 가위로 다듬어 길이를 조절한다.

⑦ 헤어 스프레이를 사용하여 수염의 형태를 고정시킨다.

⑧ 수염 형태를 따라 약 1~3mm 정도의 여유분을 남겨두고 불필요한 망을 잘라낸다.

⑨ 사용할 연기자의 이름이 적힌 우드락 판을 준비하여 그 위에 핀으

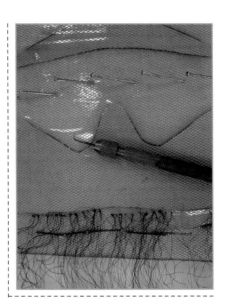

로 꽂아 보관하고, 사용 후에는 수염제거액(알코올)으로 깨끗하게 세척한 다음 형태를 정리하여 보관하면 오래 사용할 수 있다.

◆ 망수염 사용기법

① 연기자의 캐릭터에 맞게 제작된 턱수염의 모양을 따라 양 옆으로 3~5mm 정도 벗어나는 부분까지 넓게 스피리트 검을 바른 다음, 스피리트 검을 바른 부위에 망 수염을 대고 물 묻은 거즈 수건으로 가볍게 누르면서 접착시킨다. 접착력을 높이기 위해서 제작된 망수염의 망 가장자리 부분에도 스피리트 검을 발라준다.

② 망수염 양 옆의 가장자리 부위 (3~5mm)에 적당한 길이로 정리된 수염을 한올 한올 심듯이 세밀하게 덧붙여 준다.

▲ 정완식 선생님 작품

③ 빗질을 하여 정리한 다음 핀셋을 사용하여 자연스럽게 수염의 방향을 잡아주고, 필요 시에는 수염의 길이를 커트하여 형태를 정리한다.

④ 콧수염 부위에 스피리트 검을 바른 다음 번들거림을 감소시키기 위하여 물 묻은 거즈 수건으로 살짝 눌러준다.

⑤ 좌우대칭이 되도록 콧수염을 붙여준 다음, 빗질하고 핀셋 작업을 하여 정리한다.

⑥ 헤어 드라이기로 형태를 잡아주고 헤어 스프레이로 모양을 고정시켜 완성한다.

3) 거는 수염

캐릭터 메이크업은 전달매체의 특성과 상황에 적합한 표현 기법을 선택하여야 한다. 거는 수염의 경우에는 정교하지 못하기 때문에 배우와 관객 사이에 거리가 존재하는 무대캐릭터 메이크업에 주로 사용되고 있지만, 일인다역의 출연자가 많은 무대극의 경우에서 연기자에게 단시간 내에 캐릭터에 맞는 변화를 손쉽게 줄 수 있는 효과적인 방법이라 할 수 있다.

◆스타킹을 이용한 거는 수염 제작 방법

① 착용할 배우의 스킨 톤에 맞추어 신축성이 좋은 울 스타킹을 준비하고 적당한 크기로 자른 다음 배우의 얼굴이나 두상 모형에 고정시킨다. 배우의 얼굴에 밀착감 있게 걸기 위하여 적당히 잡아당긴 상태에서 턱 아래 부분에 걸치고 양쪽 귀에 걸 수 있도록 고정시킨다.

② 캐릭터의 이미지에 맞게 디자인된 수염 모양으로 다량의 라텍스를 발라준다. 턱 중앙 부위는 목으로 연결되어 스타킹이 걸쳐지는 부위까지 라텍스를 바르고 형태를 만들어 주어, 착용시 안정감 있게 고정될 수 있도록 해준다.

③ 라텍스를 바른 부위에 일정한 간격을 두고 수염의 양을 조절해가며 좌우대칭이 되도록 수염 붙이는 순서대로 붙여나간다.

④ 디자인에 맞게 콧수염을 붙여준다.

⑤ 완전히 건조된 다음, 쇠 빗을 사용하여 빗어주고 가위로 다듬어 길이를 조절한다.

⑥ 헤어 스프레이를 사용하여 수염의 형태를 잡아 고정시킨다.

⑦ 두상 모형에 제작한 경우에는 배우의 얼굴에 맞추어 입과 귀 부분을 잘라준다.

⑧ 수염의 안쪽에 충분한 양의 파우더를 바르고, 배우의 이름이 적힌 우드락판 위에 핀으로 꽂아 보관한다

4) 붙이는 수염

붙이는 수염은 생사, 나일론사 및 크레이프 울 등을 이용하여 필요한 시점에 피부에 직접 붙이는 방법으로서 섬세하고 사실적인 표현이 가능하다. 한꺼번에 많은 양을 붙이기 보다는 전체적인 양을 파악한 다음, 그라데이션 기법을 이용하여 밑 부분부터 단계별로 수염 숱의 양을 조절하며 붙여나가는 것이 보다 효과적이다.

다음과 같은 기본적인 유형을 참고로 하고 이를 응용하여 캐릭터의 이미지에 맞는 길이, 숱, 색상 및 형태를 면밀히 분석한 뒤 디자인 하며, 알맞은 재료를 선택하여 다양한 이미지의 연출을 가능하게 할 수 있도록 철저한 준비와 많은 연습을 통한 숙련 과정을 거쳐야 한다.

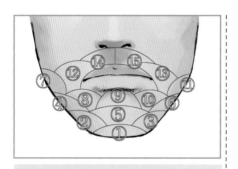

▲ 수염 부착 순서

▲ 완성된 수염의 모양

▲ 수염의 측면 모습

4-1) 가루 수염

가루 수염은 피부에 쉽게 펴지는 부드러운 왁스의 끈끈한 성능이 접착제 역할을 하여 면도를 한 후 대략 3~5일이 경과되어 자란 수염을 표현하는 분장법이다. 가루 수염은 점각 수염에 비하여 쉽게 지워지거나 뭉개지지 않고, 수정이 가능하며, 사실감이 있기 때문에 주로 영상 매체를 통한 주연급 연기자의 초췌한 모습이나 거친 느낌을 주기 위해 많이 사용되어지는 방법이다.

◆ 표현기법

① 수염의 길이와 색상을 결정한 다음 약 0.5~2mm 정도의 길이로 자른다. 자른 수염의 길이는 일정하여야 한다.

② 표현하고자 하는 얼굴 부위에 부드러운 왁스를 사용하여 고르게 펴 바른다. 왁스는 온도에 민감하므로 계절이나 현장 상황에 적합한 적당한 점도의 것을 선택한다.

③ 큰 브러시에 덩어리지지 않도록 양을 조절하여 가루 수염을 고루 묻힌 다음, 턱 아래부분부터 시작하여 위 방향으로 수염이 나는 결

의 방향을 따라 눌러주듯 쓸어 내리면서 고르게 찍어준다. 좌우대칭이 되도록 주의하며 턱선 부분은 조금 진하게 붙이고 경계선 부분은 자연스럽게 그라데이션 시켜나간다.

④ 덩어리진 부분은 핀셋으로 정리한다.

⑤ 물 묻은 거즈 수건으로 살살 눌러주며 피부에 접착시킨다.

⑥ 빈 부분이 있을 경우에는 블랙 스펀지를 이용하여 점각하여 주고, 다른 물체에 스치거나 문질러서 가루 수염이 뭉치거나 밀리지 않도록 주의한다.

4-2) 짧은 수염

짧은 수염은 1~5cm 정도 길이의 수염 표현으로, 극중 30~40대의 젊은 남자 배역의 캐릭터에 맞추어 사용되어지거나 사극에서 상인 또는 노비의 품위 없는 수염 형태를 표현하기 위하여 사용되어진다. 붙이는 수염의 경우, 일정한 양의 수염을 왼손에 쥐고 오른손으로 수염 끝을 잘 정리한 다음 붙이는 과정에서 수염 모양이 선으로 표현되어지지 않도록 잡고 있는 수염의 면을 이용하여 붙여야 보다 자연스럽게 표현할 수 있다.

◆ 정리 과정

① 준비된 기본 길이의 수염을 필요한 길이로 커트한다.
② 표현하고자 하는 결을 만들기 위하여 양손으로 섞어 비벼준다.
③ 생사를 정리할 때와 같은 방법으로 수염의 길이를 맞추어 정리한다.
④ 정리된 수염의 엉키거나 뭉친 부분을 빗질하고 가지런히 정리하여 보관한다.

◆ 표현기법

① 수염 붙일 부위를 제외한 얼굴부위에 기본 메이크업을 완성한 다음, 수염 붙일 부위에 스피리트 검을 바른다.
② 턱 아래 중심을 기준으로 하여 좌우대칭이 되도록 수염의 형태를 만들면서 붙여 나간다.
③ 빗질을 하고 난 다음, 스피리트 검이 완전이 마르기 전에 핀셋으로 수염 숱의 양을 고르게 조절하고 경계선을 그라데이션시켜 준다.
④ 가위를 사용하여 수염의 길이와 형태를 수정한다. 가위는 수직 방향으로 하여 커트하여야 인위적이지 않은 자연스러운 모양을 만들 수 있다.
⑤ 콧수염 부위에 스피리트 검을 바른다. 스피리트 검은 코 옆 주름을 넘기지 않도록 바른다.

▲ 정완식 선생님 작품

⑥ 입 가장자리에서 인중 방향으로 콧수염을 붙여나간 다음, 거즈 수건으로 눌러 접착시킨다.

⑦ 빗질을 하고 핀셋 작업을 한 다음, 다시 한번 빗질을 해준다.

⑧ 가위로 커트하여 형태를 수정한다. 가위로 수염을 커트할 때 연기자가 공포심을 느끼지 않도록 가위를 왼손으로 안정감 있게 받쳐주고 가윗날이 입술을 집지 않도록 가윗등을 입술 위에 안전한 방향으로 살며시 대준 다음 조금씩 커트 한다.

⑨ 짧은 수염의 경우에도 필요 시에는 헤어 드라이를 사용하여 형태를 잡아주거나 헤어 스프레이로 형태를 고정시켜 마무리 해준다.

4-3) 선비 수염

선비 수염은 극 중에서 강인한 인상을 주기 위한 털보 수염이나 중인 이하의 품위 없는 캐릭터 표현의 짧은 수염과는 다르게 양반 이상 신분의 근엄함을 표현하기 위하여 주로 사용되어지는 긴 수염의 형태이다. 선비 수염은 등장인물의 이미지에 맞는 자연스러운 형태로 수염 숱의 양을 적게 하여 강한 인상을 주지 않도록 표현하고, 고령에 가까울수록 젊은 사람의 경우 보다 숱의 양을 적게 붙이도록 하며, 필요할 경우에는 액센트 수염을 붙여 캐릭터의 이미지를 부각시킬 수 있다.

◆ 표현기법

① 수염 붙일 부위를 제외한 얼굴 부위에 기본 메이크업을 완성한 다음, 턱수염 부위에 수염 형태를 따라 스피리트 검을 바른다. 파운데이션의 유분기로 인하여 접착제의 접착력이 떨어질 수 있으므로 수염을 붙일 부위에는 기본 메이크업을 하지 않는다.

② 스피리트 검의 번질거림을 다소 감소시키고 굳는 속도를 조절하기 위하여 물 묻은 거즈 수건을 사용하여 가볍게 눌러준다.

▲ 정완식 선생님 작품

③ 적당한 접착력이 생기는 동안 왼손에 준비된 적당량의 수염을 쥐고 수

염의 접착 부위를 사선으로 잘라 면을 만든다.

④ 턱 아래 중앙부터 좌우대칭을 맞춰가며 수염의 형태를 만들어 붙인다. 수염의 면을 대고 엄지손가락으로 눌렀다가 뗀 다음 수염을 잡고 있는 왼손을 수염의 방향을 따라 아래로 살며시 당겨주면 턱에 붙어있는 수염을 제외한 수염이 분리되어진다. 이는 수염의 형태가 선으로 표현되어져 선 자국이 그대로 남는 부자연스러움을 보완하는 방법이며, 핀셋 작업 시 작업시간을 다소 절약할 수 있다.

⑤ 턱수염이 완성되었으면 물 묻은 거즈 수건을 사용하여 수염 부위를 가볍게 눌러주어 얼굴 피부에 완전히 접착시킨다.

⑥ 가볍게 빗질을 하여 엉킨부분과 수염의 방향을 정리한다.

⑦ 스피리트 검이 완전히 마르기 전에 핀셋을 사용하여 좌우 균형에 맞게 형태를 잡아주고, 경계선을 그라데이션시켜주며, 숱의 양을 고르게 솎아낸 다음 다시 한번 빗질하여 정리한다.

⑧ 짧은 수염의 경우와 같은 방법으로 커트하여 수염 끝의 모양을 정리한다.

⑨ 콧수염 부위에 스피리트 검을 바른 다음 입 가장자리에서 인중 방향으로 좌우대칭이 되게 붙여 나간다. 콧수염의 경우에는 정리된 수염의 중간부분을 사선으로 자르고 턱수염과 같은 방법으로 면을 이용하여 아래부분부터 붙이는데, 수염의 방향을 고려해가면서 콧수염 형태의 위 외곽선에 맞추어 자른 면을 대고 붙인다.

⑩ 거즈 수건으로 눌러 완전히 접착시킨 다음 빗질을 하여 수염의 방향을 잡아준다.

⑪ 핀셋으로 그라데이션시키고 숱의 양을 고르게 솎아낸 다음 다시 한번 빗질하여 정리한다.

⑫ 짧은 수염의 경우와 동일한 방법으로 콧수염을 커트한다. 주연급 연기자의 경우에는 윗입술 라인보다 콧수염의 길이가 1mm 정도 아래로 길게 커트하여 주고, 다수의 보조 출연자들의 콧수염은 비교적 짧게 잘라주어 촬영이 진행되는 동안 수정 작업을 할 필요가 없도록 한다.

⑬ 수염의 형태를 잡아 빗질하고 헤어 드라이기와 헤어 스프레이 등을 이용하여 웨이브를 조절하거나 형태를 고정시켜 마무리 한다. 콧수염의 경우 꼬리빗의 꼬리 부분에 스프레이를 묻혀 쓸어 주듯 수염의 형태를 다듬어 준다.

4-4) 콧수염

콧수염은 일반적으로 코의 옆 주름을 벗어나지 않는 범위내에서 캐릭터의 이미지에 맞게 디자인하여 붙이고, 입술 가장자리에서 인중 방향으로 갈수록 수염의 기울기를 세워 붙인다. 콧수염의 종류에는 일반적인 콧수염을 중심으로 캐릭터 상의 성격에 따른 형태인 카이젤 수염과 여덟 팔자 수염 그리고 찰리 채플린 수염 등이 있다.

◆일반적인 콧수염

점잖은 이미지를 주는 가장 일반적인 콧수염의 형태로서 입술 가장자리에서 시작하여 좌우대칭이 되도록 인중 방향으로 붙여나가며 인중 방향으로 갈수록 수염의 기울기를 세워 붙인다. 기법은 짧은 수염과 선비 수염의 콧수염 붙이는 기법과 동일하다.

◆카이젤 수염

카이젤은 왕이나 군주 또는 황제의 의미로서 카이젤 수염은 1차 세계대전 당시 독일의 황제였던 카이져 빌 헬름 2세를 비롯하여 러시아를 비롯한 많은 슬리브계 국가 국왕들의 권위와 위엄의 상징이었으며, 근엄하고 권위주의적인 이미지를 표현하기 위한 대표적인 수염 형태 중의 하나이다. 일반적인 콧수염과 붙이는 기법은 같으나 콧수염의 양쪽 끝이 위로 올라가는 형태이므로 양끝에 붙이는 수염은 코 주름의 기울기대로 붙이지 않고 바깥 방향으로 기울여서 붙여주면서 인중으로 갈수록 세워준 다음, 수염 끝의 모양이 위로 향하도록 다듬어 준다.

◆여덟 팔자 수염

익살스러우면서도 바보스러워 보이는 이미지의 콧수염으로 이방수염이라고 부르기도 한다. 인중 부위에는 수염을 붙이지 않고 양끝으로만 수염의 양을 적게 하여 살짝 붙여준다.

◆찰리 채플린 수염

찰리 채플린이 극중에서 익살스러움을 표현하기 위하여 붙인 수염의 형태로서 일본 순사의 표독스러운 이미지로 표현되어지기도 한다. 여덟 팔자 수염과는 반대로 인중 부분에만 수염을 붙여준다.

5 노역 캐릭터 메이크업

노역 캐릭터 메이크업은 연기자의 실제 나이보다 극중 배역의 나이로 더 늙어 보일 수 있도록 변화시키는 캐릭터 메이크업을 의미하며, 편의상 50대, 60대, 70대, 80대로 나누어서 주름의 진행 과정과 그 깊이를 달리 표현해준다. 그러나 주름의 원인에는 연령의 증가로 인한 피부의 노화현상 이외에도 여러 가지 요인으로 인한 복합적인 요인이 작용하므로 같은 나이라 하더라도 주름의 발달 부위와 주름 진행 과정에서의 정도 차이가 현저히 다를 수 있다. 그러므로 주름을 일컬어 '삶의 흔적'이라 표현하는 것이며, 나이에 의한 주름의 분류가 실제의 현실과는 다를 수 있는 것이다.

이에 주름의 원인과 주름의 유형, 주름근에 대한 기초적인 지식을 습득하고 극중 배역에게 적용되어질 수 있는 요인들을 면밀히 분석한 다음, 극중 상황과 괴리되지 않는 사실적이고도 현실감 있는 표현이 이루어져야 할 것이다. 또한 같은 주름일지라도 사람마다 얼굴 주름근의 위치와 골격이 각기 다르므로 이를 충분히 고려하여 연기자의 얼굴 굴곡에 맞는 음영과 정확한 주름 위치에 따른 캐릭터 메이크업이 이루어져야 할 것이다. 주름의 사실적 표현을 위하여 실제 주변의 노인들을 자세히 관찰하고, 여러 가지 요소들을 면밀히 분석하여 다양한 자료 수집을 해두면 그 하나 하나의 캐릭터가 연극이나 드라마, 영화 속에서 빛을 발할 수 있을 것이다.

(1) 주름의 유형

주름은 표정근의 수축에 의하여 골이 생기고, 피부 내의 히아루론산이 부족해지면서 탄력을 잃고 영구적으로 굳어버리게 되는 것을 말한다. 주름의 원인으로는 자연스러운 노화 현상을 비롯하여, 유전적 요인, 내적인 요인(질병, 영양 상태, 스트레스, 혈액순환장애)과 외적인 요인(자외선, 흡연, 기후, 작업환경) 등이 있으며, 주름의 유형에는 가성 주름, 일시적 주름, 노화에 의한 진성 주름, 광 노화에 의한 주름 등이 있다.

이러한 주름의 유형들 중에서 노역 캐릭터 메이크업을 할 때 외형적 이미지의 특징을 결정짓는 노화에 의한 진성 주름과 광 노화에 의한 주름에 대해 알아보기로 한다.

1) 노화에 의한 진성 주름

나이를 먹으면서 진피층에 있는 탄력섬유와 교원섬유 등이 파괴되거나 변성되어져 피부가 노화되고, 피부 밑에 있는 표정근육이 반복적으로 사용되어져 형성되어진 것이 진성 주름이라 할 수 있다. 대부분의 깊은 주름이 진성 주름에 해당되며 살아가는 세월동안 겪게 되는 희로애락과 성격적인 기질 또는 직업적 특성으로 인한 표정근의 반복적 사용이 세월의 흐름과 함께 그대로 표현되어지는 자연노화에 의한 주름이다. 그러므로 같은 나이라 할지라도 불우한 환경속에서 신경질적이거나 찡그리는 표정을 많이 지은 주름과 여유로운 삶 속에서 넉넉하게 노년기를 보내는 노인의 인자한 이미지의 주름, 직업적 특성상 얼굴의 특정 표정근을 반복적으로 사용하면서 늙어온 노인의 주름은 발달 부위에서 보여지는 분명한 차이가 있다고 하겠다.

일반적인 피부노화의 변화를 살펴보면, 30~40대에는 얼굴의 기본 굴곡이 형성되는 시기로서 피부가 칙칙해지고 잔주름이 늘어나며 굵은 주름이 점차 나타나기 시작하고, 50대 이후로는 피부노화가 급속히 가속화되기 시작한다. 노화의 진행 과정은 1차적으로 기본 굴곡의 형성과 함께 눈밑과 눈의 양옆, 이마, 코의 팔자 주름이 생기기 시작한다. 2차적으로는 피부가 탄력성을 잃으면서 눈두덩과 눈밑, 턱선을 따라 굴곡이 강해지고 주름 또한 깊어지며 미간 주름이 나타나고, 노화가 더욱 진행되면 입술에 핏기가 없어지면서 세로 주름이 생기며, 검버섯도 뚜렷이 나타나기 시작하여 나이가 들수록 더욱 증가한다. 그러므로 노역 캐릭터 메이크업을 할 때는 일반적인 진행 과정을 기본으로 하여 여러 가지 요인들을 분석한 다음 시술에 임하여야 할 것이다.

2) 광 노화에 의한 주름

자외선은 피부 진피층에 있는 콜라겐의 합성을 억제할 뿐만 아니라 콜라겐의 파괴를 유도하여 기미, 잡티와 함께 주름의 형성에 매우 큰 작용을 한다. 그러므로 도시 노인과 농어촌 노인의 피부는 기본 톤부터 다르며 주름의 진행 속도에 있어서도 현저한 차이가 있다고 하겠다. 즉, 도시 노인의 밝고 붉어 보이는 피부 톤과는 다르게 농어촌 노인의 피부 톤은 검게 그을려 어둡고 탁하며 윤기가 없어보이도록 표현해주어야 하고, 같은 나이 대의 농어촌 노인의 주름은 곱게 늙은 도시 노인에 비하여 훨씬 더 늙어보일 수 있도록 표현해주어야 한다.

(2) 주름근에 대한 이해

사람의 얼굴은 표정을 지을 수 있도록 해주는 표정근과 음식을 씹는데 관여하는 저작근으로 구성되어 있다. 표정근은 피부 상피의 기저층에 부착되어 있는 특수한 조직으로 이루어져 있고, 피부의 연조직을 움직여 표정을 짓는데 관여한다. 주름과 주름근의 관계를 살펴보면 다음과 같으므로 주름의 정확한 위치를 이해하는데 참고로 한다.

- 이마에 수평 주름 – 전두근
- 미간의 내천자 주름 – 추미근
- 코에 수평 주름 – 비근근
- 눈꼬리에 새발 모양 주름 – 안륜근
- 코 옆의 팔자 주름 – 구륜근, 협근

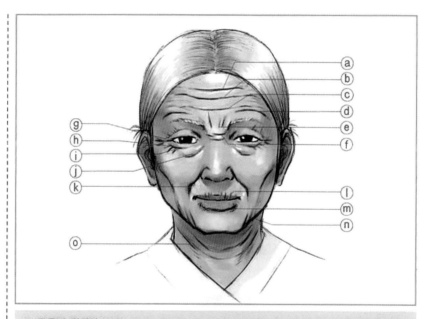

▲ 주름의 위치와 굴곡

a. 이마 윗주름	e. 미간 주름	i. 눈 밑 잔주름	m. 아랫입술 주름
b. 이마 중간주름	f. 콧등 주름	j. 눈 밑 큰 주름	n. 처진 볼 주름
c. 이마 아래주름	g. 눈꼬리 주름	k. 코볼 옆 팔자주름	o. 목 주름
d. 눈썹 윗주름	h. 눈 밑 처진 주름	l. 윗입술 주름	

(3) 매체적 특성을 고려한 노역 캐릭터 메이크업의 분류

매체적 특성을 고려하여 노역 캐릭터 메이크업을 분류해보면 무대 캐릭터 메이크업과 영상 캐릭터 메이크업으로 나눌 수 있으며, 각각의 특성에 따라 기법을 다르게 표현해주어야 한다.

무대 캐릭터 메이크업의 경우는 대극장, 중극장, 소극장에 따른 관객과의 거리를 고려하여 주름의 굵기와 짙기를 다르게 표현해주는데, 극장이 클수록 더욱 진하고 과장되게 표현해준다. 영상 캐릭터 메이크업의 경우에는 연기자와 관객(시청자)과의 거리감이 없으므로 과장된 표현보다는 자연스럽게 표현해주어 효과에 있어서 최대한 표시가 나지 않도록 하는 테크닉이 우선 되어져야 한다. 이를 위한 노역 캐릭터 메이크업에는 자연스럽고 세밀하게 그려주어 표현하는 페인팅법과 좀더 디테일한 표현 방법인 라텍스를 이용한 주름표현법, 그리고 특수 제작된 폼 작업에 의한 인조 피부를 접착시켜 표현하는 방법들이 있다. 여기에서는 위에 소개한 여러 방법들 중에서 주름에 대한 기본적인 이해를 돕기 위하여 노역 캐릭터 메이크업의 가장 기본이 되는 무대 페인팅 방법에 대해 알아보기로 한다.

(4) 무대 노역 캐릭터 메이크업

① 연기자의 기본 골격을 파악한 다음, 광 노화에 의한 요인을 고려하여 기본 피부 톤을 결정하고, 주름의 요인(즉 연령, 유전적 요인, 외적 요인, 내적 요인 등)에 따르는 주름의 유형을 구상한다.

② 구상에 근거하여 피부 톤을 표현하는데 주름 표현 시에 그라데이션이 잘 될 수 있도록 약간 두껍게 발라준다.

③ 얼굴의 굴곡을 따라서 섀도우 처리를 해준다. 진한 니그로 계열의 컬러로 관자놀이, 코 벽, 눈두덩이의 아이-홀 부분, 광대뼈 아래의 패인 부분, 입 구각의 쳐진 부분, 코볼 옆의 팔자 주름, 인중 등에 손이나 스펀지를 사용하여 자연스럽게 그라데이션 처리하여 노인 얼굴의 굴곡을 표현해준다.

④ 하이라이트를 표현하여 얼굴 굴곡에 입체감을 주는데 흰색이나 연미색 하이라이트 컬러를 사용하여 이마, 눈썹 위, 광대뼈, 눈두덩이, 콧등, 아래턱, 코볼 옆의 팔자 주름 윗부분 등에 바른 다음, 섀도우와 자연스럽게 그라데이션 시켜주어 섀도우 처리한 부분이 더욱 강조될 수 있도록 입체감을 준다.

⑤ 노역 캐릭터 메이크업의 얼굴 굴곡 표현이 완성된 다음, 갈색 펜슬과 밤색 라이닝 컬러를 사용하여 주름을 표현하고, 흰색이나 연미색으로 하이라이

트 처리를 해주어 주름에 입체감을 표현해준다.

- **이마 주름** : 이마 주름은 기본적으로 2~3개의 선으로 표현하는데 선의 굵기와 길이를 각기 달리하여 사실적으로 보이도록 해준다. 주름의 길이는 가운데 주름, 아래주름, 윗주름 순으로 짧아지며 주름의 굵기는 끝으로 갈수록 가늘어지고 쳐지는 누운 삼(三)자의 형태이다.

- **눈 주름** : 눈밑 큰 주름은 다크서클 라인을 따라서 표현해주고, 눈밑 주름은 눈앞 머리에서 눈꼬리 방향을 따라 곡선으로 표현해주는데 눈밑 주름에서 나온 잔주름을 3~4개 정도 그려주어 눈밑 잔주름을 표현해준다. 눈꼬리 주름의 경우는 눈꼬리 부위에 1~3개 정도 가늘게 표현하는데 주름의 수와 간격을 조절하여 캐릭터의 이미지에 맞는 분장이 되도록하고 공연장의 크기에 따른 거리감을 고려하여 잔주름을 생략할 수도 있다.

- **코 옆의 팔자 주름** : 코 옆의 팔자 주름은 웃을 때 생기는 굴곡을 기준으로 하여 그리되 끝으로 갈수록 가늘게 구각을 감싸듯이 그려준다.

- **볼 주름** : 입을 크게 벌린 상태에서 페이는 부위를 기점으로 하여 구각을 감싸듯이 곡선으로 표현해준다.

- **미간 주름** : 눈을 찡그리면 눈썹 앞머리에서 생기는 선을 따라 강약을 주어 그려준다.

- **콧등 주름** : 얼굴을 모으듯이 찡그리면 콧등 위에 생기는 선을 따라 2~3개 정도 엇갈리듯 그려준다.

- **입술 주름** : 입술을 최대한 오므린 상태에서 주름이 생기게 하고 하이라이트 컬러를 살짝 눌러준 다음, 하이라이트 컬러가 묻지 않은 부위를 따라 브라운색 펜슬이나 라이닝 칼라를 사용하여 선으로 강약을 주어 표현한다.

- **목 주름** : 고개를 양 옆으로 돌리면 목 근육의 움직임을 따라 굴곡과 주름이 생기게 되므로 이를 따라서 주름을 표현한다.

⑥ 얼굴주름 표현이 완성된 다음 필요에 따라서 검버섯이나 질감을 표현해주고 어두운 색의 파우더를 사용하여 가볍게 마무리 한다.

⑦ 표현 효과를 위하여 머리카락에 흰 칠을 하거나 가발을 착용하고, 소품과 의상을 활용하여 캐릭터에 맞는 인물 표현이 되도록 한다.

(5) 무대 노역 캐릭터 메이크업과 영상 노역 캐릭터 메이크업의 비교

무대 노역 캐릭터 메이크업의 경우에는 거리감에 따른 표현 효과를 위하여 강하고 과장되게 표현해주어야 하지만 영상 노역 캐릭터 메이크업의 경우에는 부드럽고 섬세하게 표현해주어야 한다. 다음 사진을 참고로 하여 그 차이점을 알아보자.

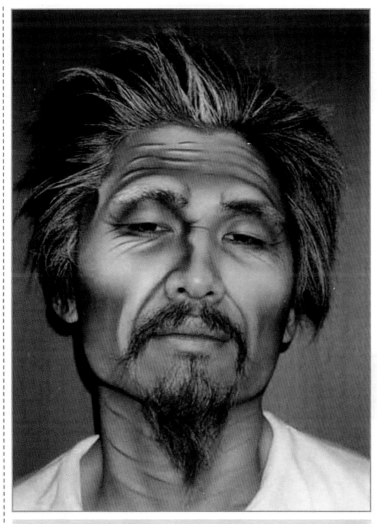

▲ (우) 영상 노역 캐릭터 메이크업

▲ (좌) 무대 노역 캐릭터 메이크업

▲ (사) 한국분장예술인협회제공　　　[(좌) 무대 노역　(우) 영상 노역]

NCS 메이크업

1 직종명 : 메이크업

2 직종 정의

특정한 상황과 목적에 맞는 이미지, 캐릭터 창출을 목적으로 이미지분석, 디자인, 메이크업, 뷰티코디네이션, 후속관리 등을 실행함으로써 얼굴·신체를 연출하고 표현하는 업무에 종사

3 훈련이수체계(수준별 이수 과정/과목)

수준		
7수준	경영관리자	메이크업 경영관리
6수준	기술관리자	메이크업 트렌드 개발
5수준	상급기술자	아트메이크업
		특수효과메이크업
4수준	중급기술자	스킨아트 메이크업
		무대공연 메이크업
		미디어 메이크업
		웨딩 메이크업
3수준	초급기술자	기본 메이크업
		메이크업 디자인 개발
2수준	견습생	메이크업 샵 관리
1수준		
–		직업기초능력
수준 \ 직종		메이크업

NCS 메이크업 학습모듈

대분류	중분류	소분류	세분류(직무)
12. 이용 · 숙박 · 여행 · 오락 · 스포츠	01. 이 · 미용	01. 이 · 미용서비스	03. 메이크업

능력단위	요소
01. 메이크업샵 안전 · 위생관리	1. 메이크업샵 위생 관리하기
	2. 고객응대하기
	3. 메이크업서비스 위생 관리하기
02. 메이크업 디자인 개발	1. 메이크업 상담하기
	2. 얼굴 특성 파악하기
	3. 퍼스널 이미지 분석하기
	4. 메이크업 디자인개발하기
03. 기본 메이크업	1. 기초제품 사용하기
	2. 베이스 메이크업하기
	3. 아이 메이크업하기
	4. 아이브로우 메이크업하기
	5. 립&치크 메이크업하기
	6. 마무리 스타일링하기
04. 웨딩 메이크업	1. 웨딩이미지 파악하기
	2. 웨딩메이크업 이미지 제안하기
	3. 웨딩메이크업 실행하기
05. 미디어 메이크업	1. 미디어기획의도 파악하기
	2. 미디어 현장 분석하기
	3. 미디어메이크업 이미지 분석하기
	4. 미디어메이크업 캐릭터 개발하기
	5. 미디어 메이크업 실행하기

능력단위	요소
06. 무대공연 메이크업	1. 연출의도 파악하기
	2. 무대파악하기
	3. 작품캐릭터 기획하기
	4. 캐릭터시안 개발하기
	5. 무대메이크업 실행하기
07. 특수효과 메이크업	1. 특수효과 캐릭터 분석하기
	2. 특수효과 메이크업 디자인하기
	3. 특수효과 메이크업 재료제작하기
	4. 특수효과 메이크업 실행하기
08. 아트 메이크업	1. 아트 메이크업 디자인 개발하기
	2. 시행모델 체형 분석하기
	3. 아트 메이크업 실행하기
09. 스킨아트 메이크업	1. 스킨아트 메이크업 이미지 제안하기
	2. 스킨아트 메이크업 디자인 제안하기
	3. 스킨아트 메이크업 실행하기
10. 메이크업 트렌드 개발	1. 메이크업 트렌드 분석하기
	2. 메이크업 트렌드 제안하기
	3. 메이크업 트렌드 홍보기획하기
	4. 메이크업 트렌드 프리젠테이션
	5. 메이크업 트렌드 홍보하기
11. 메이크업 경영관리	1. 메이크업 커리어 PR하기
	2. 고객 관리하기
	3. 직원 육성하기
	4. 재무 관리하기
	5. 경영 관리하기

※자세한 사항은 「국가직무능력표준」(www.ncs.go.kr)을 검색하세요.

2016년 미용사(메이크업) 실기시험과제 구성

1 미용사(메이크업) 과제 유형(2시간 35분)

과제유형	제1과제 (40분)	제2과제 (40분)	제3과제 (50분)	제4과제 (25분)
	뷰티 메이크업	시대 메이크업	캐릭터 메이크업	속눈썹 익스텐션 및 수염
직업대상	모델			마네킹
세부과제	① 웨딩(로맨틱)	① 현대1– 1930 (그레타 가르보)	① 이미지(레오파드)	① 속눈썹 익스텐션(왼쪽)
	② 웨딩(클래식)	② 현대2– 1950 (마릴린 먼로)	② 무용(한국)	② 속눈썹 익스텐션(오른쪽)
	③ 한복	③ 현대3– 1960 (트위기)	③ 무용(발레)	③ 미디어 수염
	④ 내츄럴	④ 현대4– 1970~1980 (펑크)	④ 노역(추면)	
배점	30	30	25	15

※자세한 사항은 「한국산업인력공단」(www.q-net.or.kr)을 검색하세요.

신단주의
바디아트와 캐릭터메이크업

발 행 일 2016년 6월 10일 개정판 1쇄 발행
2019년 1월 10일 개정판 4쇄 발행

저 자 신단주

발 행 처 크라운출판사
http://www.crownbook.com

발 행 인 이상원
신고번호 제 300-2007-143호
주 소 서울시 종로구 율곡로13길 21
대표전화 02)745-0311~3
팩 스 02)765-3232
홈페이지 www.crownbook.com
I S B N 978-89-406-2488-3 / 13590

특별판매정가 19,000원

이 도서의 문의를 편집부(02-6430-7011)로 연락주시면
친절하게 응답해 드립니다.